高等院校数字艺术精品课程系列教材

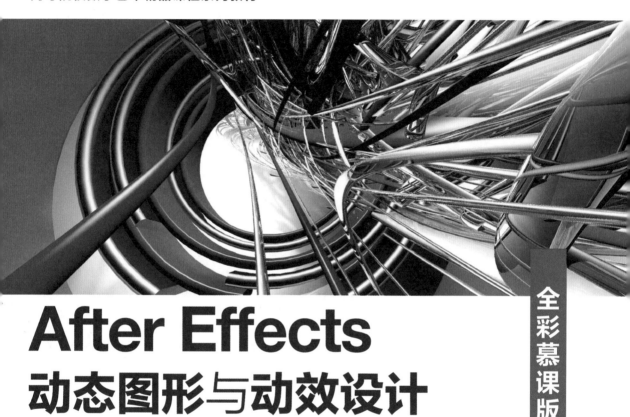

After Effects
动态图形与动效设计

全彩慕课版

何蜪 主编

U0233700

人民邮电出版社

北 京

图书在版编目（ＣＩＰ）数据

After Effects动态图形与动效设计：全彩慕课版 /
何蝌 主编. -- 北京：人民邮电出版社，2022.5（2024.12重印）
高等院校数字艺术精品课程系列教材
ISBN 978-7-115-57781-8

Ⅰ．①A… Ⅱ．①何… Ⅲ．①图像处理软件—高等学
校—教材 Ⅳ．①TP391.413

中国版本图书馆CIP数据核字(2021)第222824号

内 容 提 要

本书以设计理论和项目实践相结合的方式，详细介绍动态图形与动效设计的相关知识与操作技能。全书共 8 章内容，主要包括动态图形设计与 After Effects 概述、After Effects 的基本操作、UI 动态图标设计、App 交互动效设计、企业宣传片制作、自媒体片头动画制作、商业广告制作、栏目包装制作。本书通过详尽的知识讲解与富有代表性的实战案例帮助读者理解和掌握动态图形与动效设计的相关知识和方法，有效锻炼读者的设计思维，并提高读者对 After Effects 软件的应用能力。

本书可作为高等院校和职业院校动态图形设计相关课程的教材，也可作为动态图形设计相关工作从业人员的参考及学习用书。

◆ 主　编　何　蝌
　　责任编辑　桑　珊
　　责任印制　焦志炜

◆ 人民邮电出版社出版发行　　北京市丰台区成寿寺路 11 号
　　邮编　100164　　电子邮件　315@ptpress.com.cn
　　网址　https://www.ptpress.com.cn
　　天津善印科技有限公司印刷

◆ 开本：787×1092　1/16
　　印张：14.25　　　　　　　　　2022 年 5 月第 1 版
　　字数：325 千字　　　　　　　2024 年 12 月天津第 6 次印刷

定价：69.80 元

读者服务热线：(010)81055256　印装质量热线：(010)81055316
反盗版热线：(010)81055315
广告经营许可证：京东市监广登字 20170147 号

前言

　　当今社会是一个现代化、数字化、多元化的社会，信息的产生和应用方式是多种多样的。而基于网络和多媒体技术的大力发展，现代信息多以视觉形式呈现在人们面前，视觉形式成为了人们日常生活中常见的一种信息感知方式。

　　动态图形是视觉信息中应用较广泛的一种，它具有动感十足的视觉表现力和很强的信息呈现力，让人们能够主动接收并理解信息，在轻松的氛围中了解信息内容。

　　动态图形设计是极具市场潜力的行业，掌握动态图形的设计方法，并设计出高质量的动态图形，是动态图形设计师应当具备的基本素质和能力。本书适合需要学习和掌握动态图形设计的人员阅读，内容新颖全面、难度适当，完全按照现代教学需要编写，适用于实际教学。本书理论和实践比例恰当，两者之间相互呼应、相辅相成，为教学和实践提供了便利。本书非常注重培养读者的实际动手能力，具有较强的实用性。

　　同时，为了帮助读者快速了解动态图形设计相关知识并掌握设计方法，编者在阐述理论的同时，结合典型案例进行分析，这些案例具有很强的参考性和指导性，可以帮助读者更好地梳理动态图形设计知识并掌握设计方法。

本书第1～2章主要从理论基础的角度出发，详细介绍动态图形设计的基本概念和After Effects的基本操作。第3～8章主要从动态图形设计行业的角度出发讲解实际案例，通过边做边学的方式，详细介绍在After Effects中进行动态图形设计的方法。读者在学习过程中要循序渐进，注重理论与实践的结合，以便更好地掌握本书的内容。

从体例结构上来看，本书多个章节都提供了学习引导、项目策划、相关知识、项目制作、项目实训、思考与练习、高手点拨、经验之谈等学习板块，通过详细的设计分析和操作步骤，可以使读者更好地吸收相关知识并学以致用，也有助于学校、培训机构等单位和组织开展教学工作。

全书慕课视频，登录人邮学院网站（www.rymooc.com）或扫描封底的二维码，使用手机号码完成注册，在首页右上角单击"学习卡"选项，输入封底刮刮卡中的激活码，即可在线观看视频。也可以使用手机扫描书中二维码观看视频。

为了便于读者观看案例作品的真实动态效果，书中所有动效案例作品均配有"动效预览"二维码，读者使用手机扫码即可观看相应的动效。另外，本书赠送了丰富的学习资源和教学资源，有需要的读者可以访问人邮教育社区网站（www.ryjiaoyu.com），搜索本书书名进行下载。本书赠送的具体资源如下。

（1）素材和效果文件：提供本书正文讲解、项目实训，以及思考与练习中所有设计案例的相关素材和效果文件（包括.aep源文件和.avi视频文件）。

（2）PPT等教学资源：提供与教材内容相对应的精美PPT、教学教案、教学大纲等配套资源，以方便和辅助老师更好地开展教学活动。

本书由何蛳主编。在编写过程中，由于编者水平有限，书中难免存在不足之处，欢迎广大读者、专家批评指正。

编者
2022年2月

目录

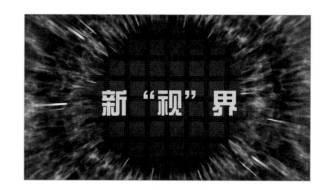

Chapter **3**

第3章 UI动态图标设计 / 75

Renno4 Pro

¥3799

第6章　自媒体片头动画制作 　/151

第7章 商业广告制作 / 171

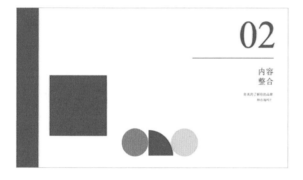

第8章 栏目包装制作 / 195

Chapter

1

第1章
动态图形设计与
After Effects概述

新"视"界

1.1 动态图形设计基础知识
1.2 After Effects基础知识

	学习引导		
	知识目标	**能力目标**	**素质目标**
学习目标	1. 了解动态图形设计的含义、发展历程、流程与要点 2. 了解动态图形设计的常用工具 3. 熟悉After Effects的常用术语 4. 熟悉After Effects中可能用到的各种文件格式	利用After Effects制作简单的动态图形	激发对动态图形设计的学习兴趣
实训项目	制作旋转的星球动效		

　　动态图形即随时间改变形状的图形，它结合了矢量素材、插画素材、摄影素材、字体版式、视频素材和音频素材等多种对象，常用After Effects软件通过合成的方式来得到其最终效果。了解动态图形设计和After Effects软件的基础知识，有助于更好地学习动态图形设计。

1.1 动态图形设计基础知识

慕课视频

　　随着互联网技术的不断创新，设计领域的视觉表现形式也趋于多样化。其中，动态图形具有独特的视觉展现效果，不仅受到了广大用户的青睐，还激发了很多设计爱好者的兴趣，是目前非常受欢迎的一种视觉表现形式。

动态图形设计基础知识

1.1.1 动态图形设计的含义

　　动态图形设计介于平面设计和动画制作之间，是一种融合了电影与图形设计的语言，也是一种基于时间流动而设计的视觉表现形式。下面介绍动态图形设计的特点和应用领域，以使读者进一步了解动态图形设计的相关知识。

1. 动态图形设计的特点

　　动态图形设计在视觉表现上以平面设计为基础，在技术使用上以动画制作为手段，它具有以下特点。

　　● 扁平化设计。动态图形具有轻量化的表现形式，往往以二维（2D）图形的形式反映需要表达的内容，强调极简化、符号化和抽象化。即便有时会涉及三维（3D）动画，但仍然以二维对象为基础进行设计。

- 服务于信息传播领域。动态图形设计将信息内容视频化，通过有趣的形式和简单的内容来更好地服务信息传播。

- 信息多、成本低。虽然动态图形的内容简单，但其传达的信息量却可以很大，有的动态图形甚至还包含剧情，可以带给用户全新的体验。进行动态图形设计时还可以共享大量设计作品，从而缩短设计周期，降低制作成本。

2. 动态图形设计的应用领域

动态图形是互联网技术，特别是移动互联网技术高速发展下的必然产物，因此其应用领域主要是互联网中的各个细分领域或行业，具体应用领域如下。

- UI设计。无论是个人计算机（Personal Computer，PC）端、移动端，还是各行业的服务终端，都可以将静态的用户界面（User Interface，UI）设计元素转换为动态的，从而更好地引导用户执行正确的操作，提升人机交互的体验感。图1-1所示为通过"大白"行走的动态效果来显示加载的过程。

- 交互设计。在人机交互的过程中，如操作应用程序（Application，App）时的过渡、转场效果，都可以通过动态图形设计来实现。通过添加交互动效，App中生硬的过渡效果将变得轻松自然、活泼有趣，从而提高用户对该App的喜爱程度。图1-2所示为在某款App中点击"设置"按钮后，动态地显示出其他功能设置按钮的效果。

图1-1 UI设计中界面加载的动效

图1-2 App交互动效

- 新媒体应用。新媒体是指以数字压缩和无线网络技术为支撑，充分发挥其大容量、实时性和交互性的特点，实现全球化传播的一种媒体。新媒体可以借助动态图形来提升其内容质量，以吸引用户。图1-3所示为某自媒体的动态标志（Logo）效果。

- 电商营销。通过目前流行的H5［使用第5版超文本标记语言（Hypertext Markup Language，HTML）制作的页面］来销售商品，是电商行业常用的一种营销手段。借助动态图形，H5能够承载更多营销内容，让用户对产品产生更大的兴趣，从而实现电商营销的目的，如图1-4所示。

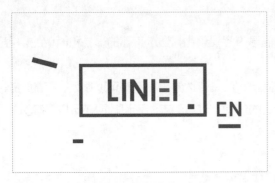

图1-3 自媒体动态Logo

图1-4 H5广告

- 电视包装。如今各类电视节目都会借助动态图形来提高内容的趣味性和生动性。真人秀综艺节目中的动态文字和表情、电视节目的动态Logo等，都使用了动态图形，如图1-5所示。

- 电影片头。利用动态图形设计与制作各类电影、微电影、短视频的片头等内容，既可以得到丰富的视觉效果，也可以鼓励设计人员勇于创新，制作出更精彩的作品，如图1-6所示。

图1-5 综艺节目中的动态文字

图1-6 电影片头

1.1.2 动态图形设计的发展历程

动态图形的英文全称为"Motion Graphics"，首次使用该词的是美国动画师约翰·惠特尼。他于1960年创立了一家名为Motion Graphics的公司，并使用机械模拟计算机技术制作电影、电视片头及广告，这标志着动态图形设计开始应用。

真正将动态图形设计推广起来的是索尔·巴斯，他在20世纪50年代创作了21部电影片头，其中包括1955年的《金臂人》、1958年的《迷魂记》、1959年的《桃色血案》及1960年的《精神病人》等，这些都是极具动态图形风格的典型作品。

随着动态图形设计的风靡，美国三大有线电视网率先在节目中应用动态图形，但当时设计的动态图形较为简单，通常只作为企业标识出现，而不是创意与灵感的表达。

20世纪80年代，随着彩色电视和有线电视技术的兴起，中小型电视频道开始出现。为了区分三大有线电视网，后起的中小型电视频道纷纷使用动态图形宣传自己的形象。

除了20世纪80年代有线电视的普及外，电子游戏、录像带等各种电子媒体也不断发展，因此需要大量能够创作动态图形的设计师，这使得动态图形设计真正作为行业出现在公众的视野之中。

20世纪90年代之后，著名设计师基利·库柏将印刷设计的设计理念应用在动态图形设计中，把传统设计与新的数字技术结合在一起，为多部电影、电视剧设计了大量的片头动画。

随着计算机技术的进步和众多计算机动画（Computer Graphics，CG）的出现，软件开发厂商开始为个人计算机开发软件。很多工作任务从工作站转向了数字计算机。这期间出现了越来越多的独立设计师，快速地推动了CG技术的进步。在这之后，数码影像技术的革命性发展，又将动态图形设计推向了一个新的高点。

计算机性能的飞速提升及计算机技术的普及，从根本上改变了设计师的创作手段。现如今，一台普通的家用计算机安装上相应的软件，就能够制作出质量非常不错的动态图形作品，这种优势使得动态图形设计应用于对动画有需求的各个行业和领域中。

1.1.3 动态图形设计的一般流程与要点

动态图形设计并不是简单地将静态元素转换为动态元素的过程，它有特定的设计流程，并需要遵循特定的设计原则和要点。

1. 动态图形设计的一般流程

动态图形设计的一般流程如图1-7所示。

确定目标 —— 美术设定 —— 创建素材 —— 合成动画

图1-7 动态图形设计的一般流程

- 确定目标。调研动态图形设计的商业目标或用户目标，包括收集并分析用户诉求、研究用户等，确定设计目标和方向。
- 美术设定。根据设计目标确定动态图形的主体造型、画面风格、色调、整体氛围及需要表达的情绪等。
- 创建素材。以设计目标和美术设定为标准，创建各种素材对象，并尽量保留素材的各种信息。例如利用Illustrator创建并保存矢量素材、利用Photoshop创建并保存PSD文件等，这些文件都可以在合成工具中直接使用。
- 合成动画。利用After Effects等合成工具为素材创建动画效果，并将最终结果合成输出。

经验之谈

　　不同领域的动态图形设计所涉及的流程有一定的区别。如动画片头的设计，在确定设计目标和美术设定后，还需要创建剧本文案、设计分镜头等；而交互动态图形设计，则需要重点测试可用性等。动态图形设计的具体流程应以保证设计工作的顺利开展为目标。

2. 动态图形设计的要点

为了创作出高质量的动态图形，设计师在进行动态图形设计时可以参考以下5个要点。

- 简化内容。使用动态图形传达信息时，要尽量简化其中的内容，多余、无效的内容会严重影响动态图形的效果。用户在观看图形的动态效果时，很容易被过多的信息所干扰，特别是在需要借助动态图形来传达特定的情绪和感受时，多余的内容很容易弱化这些信息。

- 统一视觉效果。设计动态图形时，可以充分呈现品牌形象、Logo和其他元素，将品牌、企业和产品的统一视觉效果展示在用户眼前，帮助用户进一步加深对品牌、企业和产品的印象。

- 保持流畅。动态图形强调的就是一个"动"字，如果设计出的动态图形中存在静止画面，则应该删除这些内容，使其始终保持动态效果。如果必须包含停顿画面，也要将停顿时间减少到用户无法明显感觉到有停顿为止。

- 具备良好的可访问性。动态图形一般都应用在互联网领域，因此应该保证其具备良好的可访问性。这不仅要求动态图形的内容精简，以减少加载所耗费的时间和流量，还要考虑到有视力障碍的用户，避免使用频繁闪烁或快速移动等效果，尽量保证内容直观简洁。如果动态图形中包含大量的文本内容，应控制好色彩和特效的应用，避免其分散用户的注意力，从而忽略掉重要的文本信息。

- 增强故事性。再简单的动态图形，都可以设计出故事性效果。例如，对火焰图形进行拟人化设计，为其添加燃烧摆动的效果，来表现其欢乐的状态。增强动态图形的故事性，可以提高其趣味性，使用户更愿意去实现各种交互操作。因此，设计师在设计复杂的动态图形时，可以借助故事板（即设计草图）梳理故事走向、镜头变化、情节变换等。图1-8所示为利用故事板展现人物从后备箱取出装备的过程。

图1-8 故事板示意图

1.1.4 动态图形设计的常用工具

　　动态图形设计包含创建、处理和合成等操作，因此涉及的工具较多，具体包括二维图形制作软件、三维对象制作软件、音视频处理软件和合成软件等。下面介绍设计动态图形时常用的软件。

1. After Effects

After Effects是Adobe公司推出的一款图形视频处理软件，属于视频的后期处理与合成软件，适合做设计和视频特效的机构使用，如电影公司、电视台、动画制作公司、个人后期制作工作室及多媒体工作室等。

After Effects可以高效且精确地创建多种引人注目的动态图形，并可以与其他Adobe软件无缝衔接，制作出具有创意的二维和三维合成效果。

2. Illustrator

Illustrator被Adobe公司定位为"一流的插画设计工具"，它是一款矢量图形软件，可以很方便地设计并制作出各种Logo、图标、插图、产品包装、广告牌等二维图形。这些图形可以导入After Effects中，并保留其中的图层信息，方便在After Effects中做进一步修改。

3. Photoshop

如果说Illustrator是矢量图形的设计"利器"，那么Photoshop则是Adobe公司推出的位图设计"利器"。用户可以使用它的各种编辑与绘图工具修改位图。Photoshop强大的设计功能，使其在图像、图形、文字、视频、出版等领域都有广泛应用。

4. Animate

Animate是Adobe公司为了更好地适应H5和CSS3［第3级串联样式表（Cascading Style Sheets，CSS）的简称］设计趋势而开发的动画制作软件。Animate在Flash的基础上添加了用于制作H5动画的新功能和新属性，可以将其看作Flash的升级版。

5. Premiere

Premiere是Adobe公司开发的一款易学、高效且精确的视频编辑软件，提供了采集、剪辑、调色、美化音频、添加字幕、输出、数字通用光碟（Digital Versatile Disc，DVD）刻录的一整套流程，是视频编辑爱好者和专业人士必不可少的视频编辑软件。

6. Audition

虽然After Effects具备音频编辑功能，但如果对音频处理有更加专业的需求，则可以使用Adobe公司的Audition软件。该软件是一种多音轨编辑工具，支持128 条音轨、多种音频格式，并提供多种特效，可以很方便地修改和合并音频文件，是非常高效的音频处理软件。

7. Cinema 4D

Cinema 4D 通常简称为C4D，是一款三维动画渲染和制作软件，由Maxon Computer公司开发，具有极快的运算速度和强大的渲染插件，广泛应用于广告、电影、工业设计等领域。

📷 1.2 After Effects基础知识

本书以After Effects CC 2019为例，介绍动态图形设计的具体实现方法。本节介绍与After Effects相关的基础知识，包括常用术语、常见文件格式、After Effects的工作界面，以及利用该软件制作动态图形的流程等。

慕课视频

After Effects基础知识

1.2.1 常用术语解析

设计并制作动态图形时，需要了解一些专用名词，也就是通常所说的术语。下面是After Effects中一些常用且基础的术语。

- 帧。帧相当于电影胶片上的每一格镜头，一帧就是一幅静止的画面，连续的多帧就能形成动态的效果。
- 关键帧。关键帧相当于二维动画中的原画对象，它是指角色或物体运动过程中的关键动作所在的那一帧。After Effects会自动计算并创建关键帧与关键帧之间的动画，从而生成过渡动画效果。
- 帧速率。帧速率也称FPS（Frames Per Second），它是指画面每秒传输的帧数，即通常所说的动画或视频的画面数。每秒的帧数越多，动态效果越流畅，但同时文件所占的存储空间也会增加，会影响后续视频的编辑和渲染，以及动态图形的输出与加载等各个环节。
- 比特率。比特率是指每秒传送的比特（bit）数，单位为bit/s。比特率越高，单位时间传送的数据量（位数）越大。
- 分辨率。分辨率可以反映图像中存储信息量的情况，表示每英寸（1英寸≈2.54厘米）图像内包含多少个像素点，单位为PPI。分辨率越高，画面越清晰；分辨率越低，画面越模糊。
- 像素比。像素比是指图像中的一个像素的宽度与高度之比，如方形像素的像素比就为"1.0"。
- 帧纵横比。帧纵横比是指图像中一帧的宽度与高度之比，如某些图像的帧纵横比是"4：3"，目前常见的宽屏的帧纵横比为"16：9"等。
- 电视制式。电视制式是指电视信号的标准，可以简单地理解为用来实现电视图像或声音信号所采用的一种技术标准。世界上主要使用的电视广播制式有PAL（Phase Alternation Line，意为"逐行倒相"）、NTSC（National Television System Committee，意为"国家电视标准委员会"）、SECAM（Sequential Color and Memory，意为"按顺序传送色彩与存储"）这3种。不同的电视制式会有不同的帧速率、分辨率、信号带宽、载频（一种特定频率的无线电波），以及不同的色彩空间转换关系等。

1.2.2 相关设计文件格式说明

由于利用After Effects制作动态图形时，可能会用到各种图形、图片、三维模型、视频、音频等对象，因此了解这些对象常见的文件格式，有助于更好地设计动态图形。

1. 图片文件格式

图片文件格式即图片文件存放的格式，常见的主要有以下7种。

- JPEG。JPEG是最常用的图片文件格式之一，其文件的扩展名为.jpg或.jpeg。该格式属于有损压缩格式，能够大大降低图像的存储空间，但在一定程度上会造成图像数据的损坏。
- GIF。GIF是一种无损压缩的图片文件格式，其文件的扩展名为.gif。GIF文件格式最适合用于线条图的剪贴画和使用大面积纯色的图片。由于GIF文件格式使用无损压缩来减小图片的大小，因此可以减少文件在网络上传输的时间，并可以保存动画文件，但最多只能支持256种颜色。

- TIFF。TIFF是一种灵活的位图格式，主要用来存储照片和艺术图等图像，其文件的扩展名为.tif。TIFF格式的文件对图像信息的存放灵活多变，支持多种色彩系统，而且独立于操作系统，因此得到了广泛应用。

- PNG。PNG是一种采用无损压缩的位图格式，其文件的扩展名为.png。PNG文件具有一些GIF文件所不具备的特性，包括体积小、无损压缩、支持透明效果等，因此广泛应用于互联网领域。

- PSD。PSD是图像处理软件Photoshop的专用格式，其文件的扩展名为.psd。PSD文件可以保留图层、通道、遮罩等多种信息，以便下次打开文件时可以直接修改上一次的设计，也便于其他软件使用文件中的各种内容。

- AI。AI是矢量图形制作软件Illustrator的专用格式，其文件的扩展名为.ai。与 PSD 文件相同，AI文件也是一种分层文件，其中的每个对象都是独立的，它们具有各自的属性，如大小、形状、轮廓、颜色、位置等。将AI文件导入After Effects中后，这些属性也会完全保留。

- SVG。SVG是一种可缩放的矢量图形格式，其文件的扩展名为.svg。这种图片文件格式基于XML的二维矢量图形标准，可以提供高质量的矢量图形渲染，并具有强大的交互功能，能够与其他网络技术进行无缝集成。

2. 三维模型格式

由于动态图形设计主要针对的是二维对象，且After Effects自身可以制作三维动态效果，因此对外部的三维模型需求相对较少，这里主要介绍两种After Effects中常用的三维模型格式。

- C4D。C4D是Cinema 4D软件生成的三维模型的格式，其文件的扩展名为.c4d。在After Effects中可直接导入Cinema 4D软件生成的文件，两者在动态图形设计过程中的互动非常密切。

- Maya。Maya是Maya软件生成的三维场景的格式，其文件的扩展名为.ma。Maya是Autodesk公司开发的三维建模和动画制作软件，可以制作出非常丰富的视觉效果，经常用于制作各种炫酷逼真的电影特效。

3. 视频文件格式

After Effects支持大多数主流的视频文件格式，以及一些特定设备拍摄的素材格式，下面主要介绍6种视频文件格式。

- AVI。AVI是一种音频与视频交错的视频文件格式，由Microsoft公司于1992年11月推出，其文件的扩展名为.avi。该文件格式将音频和视频数据包含在一个文件容器中，允许音视频同步回放，类似于DVD视频格式，主要应用在多媒体光盘上，用来保存电视、电影等各种影像信息。

- WMV。WMV是Microsoft公司开发的一系列视频编解码和与其相关的视频编码格式的统称，其文件的扩展名为.wmv。该视频格式是一种视频压缩格式，可以在几乎不影响画质的情况下，将文件大小压缩至原来的二分之一。

- MPEG。MPEG是包含MPEG-1、MPEG-2 和 MPEG-4等在内的多种视频格式的统一标准，其文件的扩展名为.mpeg。其中，MPEG-1、MPEG-2视频格式属于早期使用的第一代数据压缩编码技术；MPEG-4则是基于更新的压缩编码技术制定的国际标准，它以视听媒体对象为基本单元，采用基于内容的压缩编码，以实现数字视音频、图形合成应用及交互式多媒体的集成。

- MOV。MOV是Apple公司开发的QuickTime格式下的视频格式，其文件的扩展名为.mov。MOV文件格式支持25位彩色和领先的集成压缩技术，提供150多种视频效果，并提供200多种MIDI兼容音响和设备的声音装置。无论是在本地播放还是作为视频流格式在网上传播，MOV文件格式都是一种优良的视频编码格式。

- 3GP。3GP是一种流媒体的视频编码格式，主要是为了配合第三代移动通信系统（Third-Generation Mobile System，3G）网络的高传输速度而开发的，它也是早期手机中最为常见的一种视频格式，其文件的扩展名为.3gp。该视频格式的特点是网速占用较少、流量使用少，但画质较差。

- F4V。F4V是一种新颖的流媒体视频格式，其文件的扩展名为.f4v。该视频格式的文件体积小、清晰度高，非常适于在互联网上传播。

4. 音频文件格式

动态图形有时需要加入音频素材，才能更好地体现设计师要表达的意图和情感。在After Effects中，常用的音频文件格式主要有以下4种。

- WAV。WAV是一种非压缩的音频格式，其文件的扩展名为.wav。该格式是Microsoft公司专门为Windows开发的一种标准数字音频文件格式，能记录各种单声道或立体声的声音信息，并能保证声音不失真，但所占用的磁盘空间太大。

- MP3。MP3是一种有损压缩的音频格式，其文件的扩展名为.mp3。该格式能够大幅度地减少音频的数据量，如果是非专业需求，MP3格式的音频与压缩前的音频在质量上基本没有明显变化，可以满足绝大多数应用音频文件的场景。

- WMA。WMA是Microsoft公司推出的与MP3 格式齐名的一种音频格式，其文件的扩展名为.wma。该格式在压缩比和音质方面都超过了MP3格式，即使在较低的采样频率下也能保证较好的音质。

- AIFF。AIFF是Apple公司开发的一种音频文件格式，属于QuickTime技术的一部分，其文件的扩展名为.aiff。该音频格式是iOS的标准音频格式，质量与WAV格式相似。

1.2.3 After Effects的工作界面

After Effects是动态图形设计与制作的重要工具，本书所有动态图形的制作都基于该软件的操作环境。因此这里需要对After Effects的工作界面进行介绍，以便读者熟悉其操作环境。

将After Effects CC 2019安装到计算机上后，双击桌面上的快捷启动图标 Ae 即可启动该软件。与此同时会显示"主页"窗口，单击右上角的"关闭"按钮⊠将其关闭，即可看到After Effects的工作界面，如图1-9所示。

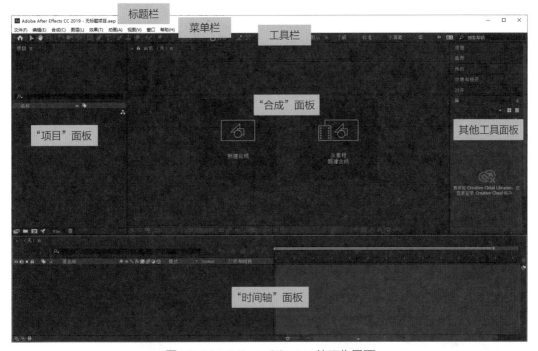

图1-9 After Effects CC 2019的工作界面

该工作界面为After Effects CC 2019（以下简称AE）的默认工作界面，如果更改了界面内容，可按【Shift+F10】组合键快速恢复为默认工作界面。下面具体介绍该工作界面的各组成部分。

1. 标题栏

标题栏位于AE工作界面最上方，左侧依次显示的是AE的版本名称和当前编辑的文件名称，右侧的控制按钮组可用于对工作界面进行最小化、最大化、还原和关闭等操作。

2. 菜单栏

菜单栏位于标题栏下方，其中集成了AE的所有功能命令。下面简要介绍各菜单项的作用。

● "文件"菜单项。"文件"菜单项主要用于对AE文件进行新建、打开、保存、关闭、导入、导出等操作。

● "编辑"菜单项。"编辑"菜单项主要用于撤销或还原编辑操作，对当前所选对象（如关键帧）进行剪切、复制、粘贴等操作。

● "合成"菜单项。"合成"菜单项主要用于进行新建合成、设置合成等与合成相关的操作。当导入素材后，往往会先利用该菜单项新建合成。

● "图层"菜单项。"图层"菜单项主要用于新建各种类型的图层，并对图层进行设置蒙版、遮罩、形状路径等操作。

● "效果"菜单项。"效果"菜单项主要用于为所选对象应用各种AE预设的效果。

- "动画"菜单项。"动画"菜单项主要用于管理时间轴上的关键帧，如设置关键帧插值、调整关键帧速度等。
- "视图"菜单项。"视图"菜单项主要用于控制"合成"面板中显示的内容，如标尺、参考线等，也可调整"合成"面板的大小和显示方式。
- "窗口"菜单项。"窗口"菜单项主要用于管理各种工具面板。单击该菜单项中的某一选项后，对应的工具面板选项左侧会出现 ✓ 标记，代表该工具面板已经显示在工作界面中；再次单击该选项，✓ 标记将会消失，代表该工具面板没有显示在工作界面中。
- "帮助"菜单项。"帮助"菜单项提供了AE的具体情况和各种帮助信息。

3. 工具栏

工具栏位于菜单栏下方，其中集成了操作时常用的一些工具按钮。单击某个按钮，当其呈蓝色时，说明该按钮处于激活状态，此时在"合成"面板中便可进行与该工具按钮相关的操作。例如单击"锚点"按钮，当其呈蓝色时，便可调整"合成"面板中所选素材的锚点位置，如图1-10所示。

图1-10 使用锚点工具调整素材的锚点位置

4. "项目"面板

"项目"面板是管理素材的重要工具，所有导入AE中的素材都将显示在该面板中，如图1-11所示。

5. "合成"面板

"合成"面板是制作动态图形的主要工具，可在其中对素材进行编辑，如图1-12所示。

图1-11 显示导入的各种素材　　　　　　　图1-12 编辑素材

6. "时间轴"面板

"时间轴"面板是AE的核心工具之一，它主要包含两大部分，左侧为图层管理区域，右侧为时间轴管理区域，如图1-13所示。

图1-13 "时间轴"面板

左侧的图层管理区域用于管理和设置图层对应素材的各种属性，右侧的时间轴管理区域则用于为对应的图层添加关键帧以实现动态效果。

7. 其他工具面板

其他工具面板位于"合成"面板右侧，选择工具面板对应的名称可展开其内容。用户可以根据需要，结合"窗口"菜单项来调整工作界面中显示的面板，以便使用。下面重点介绍工具面板的一些常见操作。

● 调整面板大小。将鼠标指针移至面板与面板之间的分隔线上，当鼠标指针变为双向箭头标记时，拖曳鼠标可调整这两个面板的大小。

● 浮动面板。面板默认嵌入工作界面中，如果想使面板浮于界面上方，以方便随时调整面板位置，可单击面板名称右侧的下拉按钮，在弹出的下拉列表中选择"浮动面板"命令，如图1-14所示。此时便可任意拖曳浮动面板上方的白色区域调整该面板的位置。

图1-14 将工具面板调整为浮动状态

● 移动面板。若需要重新调整各面板的位置，打造更符合自身操作习惯的工作界面，则可以将面板移动到需要的位置。具体方法为：在工具面板对应的名称上按住鼠标左键不放，拖曳面板到目标位置后，根据AE同步显示的位置关系图来确定最终位置，完成后释放鼠标。图1-15所示为将"信息"面板移动到"合成"面板左侧。

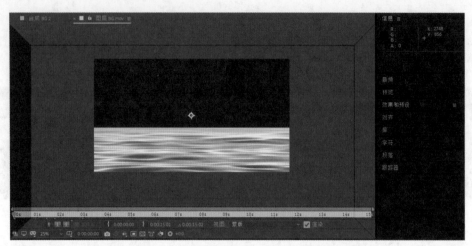

图1-15 将"信息"面板移动到"合成"面板左侧

高手点拨

移动面板时，AE会以透视图的方式确定面板间的位置关系，当透视图左侧呈蓝色时，表示将面板移至目标面板的左侧；同理，当透视图右侧、上方或下方呈蓝色时，表示将面板移至目标面板的右侧、上方或下方；当透视图内部呈蓝色时，则表示将面板移至目标面板之中，与目标面板共享一个区域，并通过切换选项卡的方式显示各自的面板内容。

1.2.4 使用After Effects的一般流程

使用AE制作动态图形时，往往会采用"导入素材→新建合成→创建图层→设置内容→添加特效→预览输出"这一标准流程。下面对该流程的各个环节进行简要梳理，然后利用一个案例来介绍动态图形的制作过程。

1. 导入素材

在AE中导入素材的方法多种多样，可根据实际情况选择合适的方法。下面介绍3种常用的导入素材的方法。

● 基本操作。选择【文件】→【导入】→
【文件】命令，或在"项目"面板的空
白区域双击，或在空白区域处单击鼠标
右键并在弹出的快捷菜单中选择【导
入】→【文件】命令，或直接按
【Ctrl+I】组合键，都将打开"导入文
件"对话框，从中可选择需要导入的一
个或多个素材文件，单击 导入 按钮即
可完成导入操作，如图1-16所示。

图1-16 "导入文件"对话框

- 导入序列。序列是指一组名称连续且扩展名相同的素材文件，如"01.tga""02. tga""03.tga"等。当打开"导入文件"对话框，选择"01.tga"文件后，可激活对话框中的"Targa序列"复选框，勾选该复选框并单击 导入 按钮，AE将自动导入所有编号连续的TGA素材序列。如果选择的是其他序列素材，则复选框的名称会有所变动，但位置不变。

- 导入分层素材。当导入含有图层信息的素材时，可以通过设置保留素材中的图层信息。例如导入PSD文件时，在"导入文件"对话框中选择PSD文件并单击 导入 按钮后，将打开名为对应素材名称的对话框，此时若在"导入种类"下拉列表框中选择"素材"选项，并选择"合并的图层"单选项，则导入的素材仅为一个合并的图层，如图1-17所示；若在"导入种类"下拉列表框中选择"合成"选项，并选择"可编辑的图层样式"单选项，则导入的素材将完整保留PSD文件的所有图层信息，如图1-18所示。

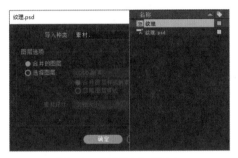

图1-17 以素材方式导入

图1-18 以合成方式导入

2. 新建合成

导入素材后，便可以新建合成。常用的新建合成的方法如下。

- 使用菜单命令新建合成。选择【合成】→【新建合成】命令。
- 使用工具按钮新建合成。单击"项目"面板下方的"新建合成"按钮 。
- 使用快捷键新建合成。按【Ctrl+N】组合键。

执行以上任意操作后，都将打开"合成设置"对话框，在其中可设置合成名称、预设、宽度、高度、像素长宽比、帧速率、分辨率、开始时间码、持续时间和背景颜色等参数，设置完成后单击 确定 按钮可新建合成，如图1-19所示。

另外，可以将"项目"面板中的素材拖曳到"时间轴"面板左侧的图层管理区域，此时将自动新建以该素材为内容的合成，且素材被添加到"时间轴"面板中以待编辑。

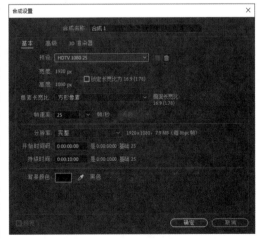

图1-19 合成参数设置

新建合成后，所创建的合成也会显示在"项目"面板中，其图标为。此时若在该合成选项上单击鼠标右键，在弹出的快捷菜单中选择"合成设置"命令，则可重新调整合成参数。

3. 创建图层

新建合成后，可在合成中创建所需的各种图层。图层的操作是非常重要的操作，详细内容将在本书第2章进行介绍。这里只需了解在AE中创建图层的基本方法，具体如下。

- 以素材作为图层。将"项目"面板中的某个素材拖曳到相应合成的"时间轴"面板中，便可创建以该素材为基础的图层。
- 新建其他图层。在某个合成的"时间轴"面板的空白区域单击鼠标右键，在弹出的快捷菜单中选择"新建"命令后，可在弹出的子菜单中选择需要新建的图层对象，如文本图层、纯色图层、灯光图层、摄像机图层、空对象图层、形状图层、调整图层等。也可在菜单栏中选择【图层】→【新建】命令，在弹出的子菜单中新建所需图层。

4. 设置内容

设置内容就是对创建的各个图层进行设置操作，主要包括设置图层属性和添加关键帧等，如图1-20所示。

图1-20 设置内容

需要注意的是，AE具备多种强大的动效设计功能，对图层的设置也较为复杂和烦琐，但只要掌握了基本的设置方法，循序渐进地操作，就能设计出各种精美的动效，具体设置内容将在第2章中详细介绍。

5. 添加特效

AE中有大量特效，可以为图层对象添加各种逼真炫丽的效果，并支持实时修改。因此添加特效这个操作实际上与设置内容操作是交替进行的，这样可以打造出精美的动效。

6. 预览输出

所有操作完成后，便可预览最终效果。当然，在制作过程中也需要不时地查看效果，以便及时更改和调整。当最终效果符合预期目标时，便可将制作的内容渲染输出。

下面以制作一个简单的片头动效为例，介绍AE的整个使用流程，具体操作如下。

慕课视频

制作简单片头

（1）启动AE，双击"项目"面板打开"导入文件"对话框，选择"背景.mov"和"加强特效.mov"素材选项（配套资源：素材\第1章\背景.mov、加强特效.mov），单击 <u>导入</u> 按钮，如图1-21所示。

（2）按【Ctrl+N】组合键打开"合成设置"对话框，设置合成名称为"片头"，预设为"HDTV 1080 25"，持续时间为9秒，其他参数保持默认，单击 <u>确定</u> 按钮，如图1-22所示。

图1-21 导入素材

图1-22 新建合成

（3）将添加到"项目"面板中的两个素材文件拖曳到"时间轴"面板中，选择"加强特效.mov"图层，调整模式为"相加"，然后在空白区域单击鼠标右键，在弹出的快捷菜单中选择【新建】→【文本】命令，如图1-23所示。

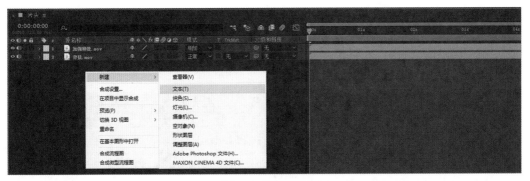

图1-23 创建图层

（4）此时"合成"面板中将出现文本插入点，输入文本"新'视'界"。在"字符"面板中设置文本字体为"方正综艺简体"，字号为"81像素"。单击吸管工具 右侧的色块，打开"文本颜色"对话框，在下方的文本框中输入"90ECFC"，调整文本颜色，最后单击 <u>确定</u> 按钮，如图1-24所示。

图1-24 输入并设置文本

（5）单击工具栏中的锚点工具█，拖曳文本图层的锚点至文本对象的中央区域，切换为选取工具█，移动文本对象至画面中央区域，如图1-25所示。

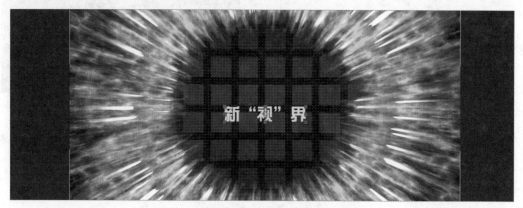

图1-25 调整文本的锚点位置和文本位置

（6）选择文本图层，拖曳时间指示器至第5秒处，按【S】键调出文本图层的缩放属性，设置缩放大小为"0"，单击该属性左侧的"秒表"按钮█插入关键帧，如图1-26所示。

图1-26 设置缩放属性并插入关键帧1

（7）拖曳时间指示器至第8秒处，设置缩放大小为"200"，此时AE将自动添加关键帧，如图1-27所示。

18

图1-27 设置缩放属性并插入关键帧2

（8）将时间指示器拖曳至第5秒处，在"效果和预设"面板中依次展开"动画预设/Text/3D Text"栏目，选择"3D 回落混杂和模糊"选项，并将其拖曳至文本图层上，为其添加3D文本特效，如图1-28所示。

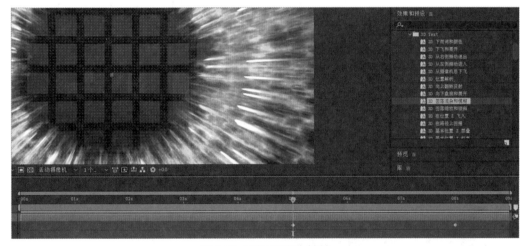

图1-28 添加3D文本特效

（9）按【0】键预览最终效果，确认无误后按【Ctrl+Alt+0】组合键打开"渲染队列"面板，单击"输出到"右侧的"片头.avi"对象，如图1-29所示。

图1-29 调出"渲染队列"面板

（10）打开"将影片输出到:"对话框，在其中设置保存路径和文件名称，完成后单击 保存(S) 按钮。

（11）返回"渲染队列"面板，单击右上方的 渲染 按钮，如图1-30所示。

图1-30 渲染影片

（12）AE开始渲染并输出影片内容，完成后在指定的文件夹中即可找到输出的影片，双击播放该视频文件。在日常工作中，有可能出现修改源文件或者将AE文件分享给其他人等情况，因此还需要保存AE源文件。选择【文件】→【整理工程(文件)】→【收集文件】命令，在打开的提示框中单击 保存(S) 按钮（如果已经保存，则不会出现提示框），在"收集文件"对话框中单击 收集... 按钮，如图1-31所示。在打开的"将文件收集到文件夹中"对话框中选择文件的保存位置，单击 保存(S) 按钮，如图1-32所示，即可将文件保存为一个名为"片头文件夹"的文件夹（配套资源：效果\第1章\片头.avi、"片头文件夹"文件夹）。

图1-31 "收集文件"对话框

图1-32 选择文件保存位置

 项目实训——制作旋转的星球动效

🌐 **项目要求**

利用图片素材和音频素材合成星球在宇宙中转动的动态效果，要求在星球转动的同时，宇宙背景也在不停移动变换。

动效预览

旋转的星球动效

🌐 **项目目的**

通过该动效的制作，让读者在熟悉AE工作界面的同时，进一步掌握使用AE

制作动态图形的一般流程和基本操作方法。

⊛ 项目分析

本项目的关键在于如何将图片素材制作为球体，同时实现背景图片和球体对象的移动和旋转动效。

⊛ 项目思路

本例将充分利用AE提供的特效来解决项目中的难点，即球体的制作，具体思路如下。

（1）导入素材并新建合成。

（2）利用"CC Sphere"特效将图片素材调整为球体效果，并调整球体质感，再为球体添加旋转特效。

（3）利用图层的位置属性为背景图片添加移动效果。

（4）进行渲染设置并输出影片。

⊛ 项目实施

本项目的具体操作如下。

（1）启动AE，双击"项目"面板，导入"行星.jpg""空灵.mp3"和"宇宙.jpg"素材文件（配套资源：素材\第1章\行星.jpg、空灵.mp3、宇宙.jpg）。按【Ctrl+N】组合键新建合成，打开"合成设置"对话框，设置合成名称为"旋转的星球"，高度为"1080px"，宽度为"1920px"，持续时间为15秒，单击 确定 按钮，如图1-33所示。

慕课视频

制作旋转的星球

图1-33 导入素材并新建合成

（2）依次将"行星.jpg""宇宙.jpg""空灵.mp3"素材拖曳到"时间轴"面板中，选择"行星.jpg"图层，在"效果和预设"面板的搜索框中输入"CC S"，选择搜索结果中的"CC Sphere"效果选项，将其拖曳至"行星.jpg"图层，如图1-34所示。

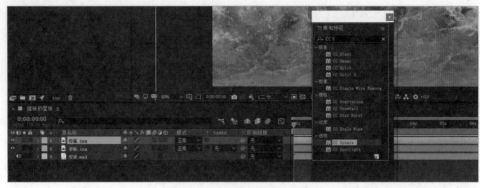

图1-34 创建图层并添加特效

（3）在"效果控件"面板中分别将"Radius""Light Intensity""Light Height"参数的值设置为"400.0""230.0""20.0"，以调整球体的大小、亮度和灯光位置，如图1-35所示。

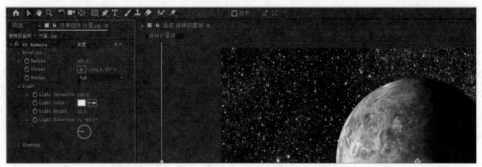

图1-35 设置球体效果

（4）将时间指示器拖曳至0秒处，展开"效果控件"面板中的"Rotation"栏目，单击"Rotation Y"属性左侧的"秒表"按钮，插入关键帧，如图1-36所示。

（5）将时间指示器拖曳至第15秒处，在"Rotation Y"属性右侧的文本框中输入"3"，表示球体在15秒内沿y轴旋转3圈，如图1-37所示。

图1-36 添加关键帧　　　　　　　　　　　　　图1-37 设置旋转动效

（6）选择"宇宙.jpg"图层，将时间指示器拖曳至0秒处，按【P】键调出其位置属性，在"合成"面板中将该图片左边界与合成画面左边界对齐（按【Shift】键可水平移动），然后单击位置属性左侧的"秒表"按钮，插入关键帧。将时间指示器拖曳至最后，在"合成"面中将该图片右边界与合成画面右边界对齐，AE将自动插入关键帧，如图1-38所示。

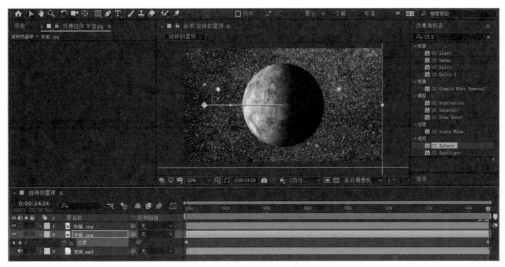

图1-38 添加位置动效

（7）按【0】键预览效果，确认无误后按【Ctrl+Alt+0】组合键打开"渲染队列"面板，按【Ctrl+M】组合键将制作的合成对象添加到渲染队列中，单击"输出模块"栏目右侧的"无损"对象，打开"输出模块设置"对话框，在"格式"下拉列表框中选择"QuickTime"选项，单击 确定 按钮，如图1-39所示。

（8）单击"输出到"右侧的"旋转的星球.mov"对象，打开"将影片输出到:"对话框，设置保存路径，这里设置为D盘中的"AE/渲染输出"文件夹，完成后单击 保存(S) 按钮，如图1-40所示。

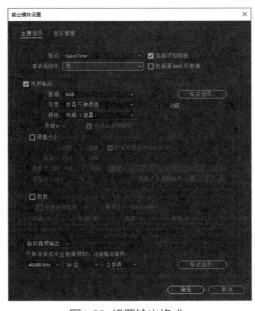

图1-39 设置输出格式

图1-40 设置保存路径

23

（9）返回"渲染队列"面板，单击右上方的 渲染 按钮，如图1-41所示，再将该文件保存为文件夹（配套资源：效果\第1章\"旋转的星球文件夹"文件夹、旋转的星球.avi）。

图1-41 渲染并输出影片

 思考与练习

1. 动态图形在设计上有什么明显的特点？

2. 动态图形可以应用在哪些行业或领域？

3. 动态图形设计的流程与要点有哪些？

4. 总结设计动态图形可能会用到的软件。

5. 帧、关键帧、帧速率的含义各是什么？像素比和帧纵横比有什么区别？

6. 列举一些常见的图片文件格式、三维模型格式、视频文件格式和音频文件格式及它们对应的扩展名。

7. AE的"项目"面板、"合成"面板和"时间轴"面板的主要功能是什么？

8. 使用AE制作动态图形的基本流程有哪些？

9. 制作图1-42所示的"我们的地球"动态效果（配套资源：素材\第1章\白云.jpg、地球.psd）。

提示：

（1）导入两个素材文件，其中PSD文件以素材方式导入。

（2）利用【S】键调出"白云"图层的缩放属性，添加缩放动效。

（3）利用【P】键调出"地球"图层的位置属性，添加位置动效。

（4）创建文本图层，输入并设置文本后，利用【T】键和【P】键调出透明度属性和位置属性，分别设置相应的动效，最后渲染输出文件，并将其保存为文件夹（配套资源：效果\第1章\"我们的地球文件夹"文件夹、我们的地球.avi）。

动效预览

我们的地球

图1-42 "我们的地球"效果

Chapter

2

第2章
After Effects的
基本操作

<table>
<tr><td colspan="4" align="center">学习引导</td></tr>
<tr><td></td><td>知识目标</td><td>能力目标</td><td>素质目标</td></tr>
<tr>
<td>学习目标</td>
<td>1. 掌握图层、时间轴、面板、遮罩、文本、特效等对象的基本操作
2. 熟悉3D图层、灯光、摄像机的使用
3. 了解表达式的应用</td>
<td>1. 能够利用图层、时间轴、蒙版、遮罩、文本、特效等对象制作动态图形
2. 能够设计出有特色的动态效果</td>
<td>1. 进一步激发对用After Effects设计和制作动态图形的兴趣
2. 有效锻炼逻辑思维
3. 培养耐心细致的做事习惯</td>
</tr>
<tr>
<td>实训项目</td>
<td colspan="3">1. 手游界面动态图形设计
2. 招生广告动态图形设计</td>
</tr>
</table>

　　AE的功能远不只第1章所介绍的那些，它还有很多其他功能，例如对图形视频的处理功能、对路径的编辑功能、对图层的管理功能和对关键帧的编辑功能等，这些功能都非常强大。全面了解并掌握AE的相关知识和基本操作，可以更好地进行动态图形设计。

📷 2.1 图层的基本操作

　　使用AE制作动态图形时，图层是直接操作的对象，因此掌握图层的基本操作是制作动态图形的必要前提。

慕课视频

图层的基本操作

2.1.1 图层的类型与创建方法

　　在AE中可以创建多种不同类型的图层，下面分别介绍这些图层的作用及其对应的创建方法。

1. 文本图层

　　文本图层的作用是创建文本对象，并可在文本图层中调整文本的字体、段落格式，也可以将AE的特效应用到文本图层上。创建文本图层的方法为：选择【图层】→【新建】→【文本】命令；或在"时间轴"面板的空白区域单击鼠标右键，在弹出的快捷菜单中选择【新建】→【文本】命令；或直接按【Ctrl+Shift+Alt+T】组合键。

　　创建了文本图层后，可直接在"合成"面板中输入文本内容，并设置文本格式。若需要重新修改文本及其格式，则可借助工具栏中的文本工具 T 来实现。

2. 纯色图层

　　AE默认的背景是透明的，如果没有背景素材，则可以创建纯色图层作为背景效果。除此以外，还可在纯色图层上添加特效，或使纯色图层作为其他图层的遮罩或混合样式等。创建纯色图层的方法为：选择【图层】→【新建】→【纯色】命令；或在"时间轴"面板的空白区域单击鼠标右键，在弹出的快捷菜单中选择【新建】→【纯色】命令；或直接按【Ctrl+Y】组合键，打开"纯色设置"对话框，在其中可设置纯色图层的名称、大小、像素长宽比和颜色等，如图2-1所示。

若需要重新调整纯色图层的颜色或其他属性，则可先选中该图层，再选择【图层】→【纯色设置】命令或直接按【Ctrl+Shift+Y】组合键。

图2-1 创建纯色图层

3. 灯光图层

灯光图层的作用是为3D图层添加光源。换句话说，如果需要为某个图层添加灯光，则该图层必须开启3D图层标记。需要注意的是，灯光图层会影响其下方的所有3D图层，而不只是影响其下相邻的一个3D图层。创建灯光图层的方法为：选择【图层】→【新建】→【灯光】命令；或在"时间轴"面板的空白区域单击鼠标右键，在弹出的快捷菜单中选择【新建】→【灯光】命令；或直接按【Ctrl+Shift+Alt+L】组合键，打开"灯光设置"对话框，在其中可设置灯光图层的名称，以及灯光类型、颜色、强度、锥形角度、锥形羽化、衰减等参数，如图2-2所示。其中，灯光类型有以下4种。

图2-2 创建灯光图层

- 平行光。平行光能投射到整个环境中，类似于太阳光。
- 聚光。聚光类似于手电筒的投射效果，具有方向性，可以通过调节光源来改变其影响范围。
- 点光。点光类似于灯泡的投射效果，可在指定的一个点向360°全方向投射。
- 环境光。环境光没有衰减参数，可以作用于整个场景，效果类似白天的环境光。

4. 摄像机图层

摄像机图层可以模仿真实的摄像机视角，通过平移、推拉、摇动等各种操作，来控制动态图形的运动效果，但它也只能作用于3D图层。创建摄像机图层的方法为：选择【图层】→【新建】→【摄像机】命令；或在"时间轴"面板的空白区域单击鼠标右键，在弹出的快捷菜单中选择【新建】→【摄像机】命令；或直接按【Ctrl+Shift+Alt+C】组合键，打开"摄像机设置"对话框，在其中可设置摄像机图层的名称、焦距、类型等参数，如图2-3所示。其中类型包括单节点摄像机和双节点摄像机两种，单节点摄像机只能控制摄像机的位置，双节点摄像机则可以同时控制摄像机位置和拍摄方向。

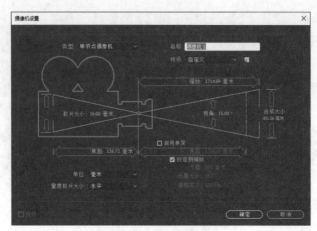

图2-3 创建摄像机图层

5. 空对象图层

空对象图层不会被AE渲染出来，但它具有很强的实用性。例如，当文件中有大量图层需要进行相同的设置时，则可以创建空对象图层，将这些需要进行相同设置的图层通过父子关系链接到空对象图层，通过调整空对象图层同时调整这些图层。另外，也可以将摄像机图层通过父子关系链接到空对象图层，通过移动空对象来实时控制摄像机。创建空对象图层的方法为：选择【图层】→【新建】→【空对象】命令；或在"时间轴"面板的空白区域单击鼠标右键，在弹出的快捷菜单中选择【新建】→【空对象】命令；或直接按【Ctrl+Shift+Alt+Y】组合键。

6. 形状图层

形状图层的作用是结合工具栏中的形状工具■和钢笔工具◢创建各种形状或路径。创建形状图层的方法为：选择【图层】→【新建】→【形状图层】命令；或在"时间轴"面板的空白区域单击鼠标右键，在弹出的快捷菜单中选择【新建】→【形状图层】命令，此时便可利用各种形状工具绘制形状。

7. 调整图层

调整图层类似于一个空白的图像，但应用于调整图层上的效果会全部应用于在它之下的所有图层上，所以这类图层一般用于统一调整内容的颜色、特效等。创建调整图层的方法为：选择【图层】→【新建】→【调整图层】命令；或在"时间轴"面板的空白区域单击鼠标右键，在弹出的快捷菜单中选择【新建】→【调整图层】命令；或直接按【Ctrl+Alt+Y】组合键。

2.1.2 图层的基本属性

AE中的图层主要有锚点、位置、缩放、旋转和不透明度5个基本属性，再复杂的动态效果，都是基于这5个基本属性进行设计和制作的。在"时间轴"面板左侧的图层管理区域，依次展开某个图层的"变换"栏目，即可看到该图层的所有属性，如图2-4所示。实际操作时，也可使用快捷键快速调出所需的图层属性，以提高操作效率。其中，按【A】键可以调出锚点属性，按【P】键可以调出位置属性，按【S】键可以调出缩放属性，按【R】键可以调出旋转属性，按【T】键可以调出不透明度属性。

图2-4　图层的5个基本属性

经验之谈

对于一些常用的快捷键，不但要熟记，而且应该尽量习惯使用快捷键进行操作，这样才能有效提高操作效率。另外，上述5种快捷键只能单独调出对应的属性，如果为多个属性都插入了关键帧，则可以按【U】键同时调出所有插入了关键帧的属性，以便更好地观察与编辑。

1. 锚点属性

锚点即图层的轴心点，是图层进行移动、缩放、旋转的参考点，锚点所在的位置不同，图层的移动、缩放和旋转效果就可能不同。也就是说，图层的变化效果会严格按照锚点位置来实现。图2-5所示的大象的旋转效果就是以其中央的锚点为参考点而产生的，旋转中心即锚点所处的位置。

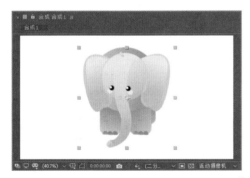

图2-5　图层围绕锚点旋转的效果

2. 位置属性

设置位置属性可以使图层产生位移动效。2D图层的位置属性可以设置x轴和y轴两个方向的位移参数；若为2D图层开启3D图层标记，将其转换为3D图层，此时可设置x轴、y轴和z轴3个方向的位移参数。图2-6所示便是通过调整x轴方向的不同参数，实现火烈鸟在水平方向的位移动效。

图2-6 图层沿 *x* 轴水平位移的效果

3. 缩放属性

设置缩放属性可以使图层产生放大或缩小的动画效果。缩放时，图层会以锚点为中心进行缩小或放大。图2-7所示便是通过设置缩放属性的不同参数，实现长颈鹿的放大效果。

图2-7 图层缩放的效果

4. 旋转属性

设置旋转属性可以使图层以锚点为中心进行旋转。在"时间轴"面板调出图层的旋转属性后，"0x"中的"0"代表旋转的圈数，如"3x"表示旋转3圈，后面的参数则为旋转的度数，如"3x+305.0°"表示旋转3圈加305.0°。图2-8所示为海豚沿锚点旋转的动态效果。

图2-8 图层旋转的效果

5. 不透明度属性

设置不透明度属性可以使图层产生逐渐淡入或淡出的动画效果，其设置范围为0%~100%。图2-9所示为河马的不透明度从30%变化至100%的效果。

图2-9 图层不透明度的动态效果

2.1.3 图层的控制

除了需设置图层属性外，制作动态图形时还需要掌握一些与图层控制相关，且非常基础与常用的操作，如图层顺序的调整，复制、拆分与替换图层，图层入点与出点的设置，图层样式和混合模式的用法，以及图层父级对象的链接等。

1. 调整图层叠放顺序

图层的叠放顺序将直接影响画面显示内容，如在无遮罩、蒙版等其他因素影响的情况下，上层图层会遮挡下层图层的内容。调整图层叠放顺序，一般有拖曳图层和使用快捷键两种方式。

● 拖曳图层。在"时间轴"面板中选择图层并拖曳，当蓝色水平线出现在目标位置时释放鼠标，如图2-10所示。

图2-10 拖曳图层

● 使用快捷键。按【Ctrl+】】组合键可以将图层上移一层；按【Ctrl+【】组合键可以将图层下移一层；按【Ctrl+Shift+】】组合键可以将图层移至最上方；按【Ctrl+Shift+【】组合键可以将图层移至最下方。如果对快捷键不太熟悉，可以选择【图层】→【排列】命令，在弹出的子菜单中选择相应命令来调整图层的叠放顺序。

2. 复制、拆分与替换图层

制作动态图形，特别是较为复杂的动态图形时，可充分利用复制、拆分和替换图层操作简化制作内容，提高工作效率。

● 复制图层。选择图层后按【Ctrl+C】组合键，选择目标图层后按【Ctrl+V】组合键，所选图层将复制到目标图层的上方。若选择图层后按【Ctrl+D】组合键，则将快速在该图层上方复制出所选的图层对象。

● 拆分图层。选择需拆分的图层，将时间指示器拖曳至目标位置，按【Ctrl+Shift+D】组合键，所选图层将以时间指示器为参考位置，拆分为上下两层。"兔子"图层拆分后的效果如图2-11所示。

图2-11 "兔子"图层拆分后的效果

● 替换图层。当需要保留图层的各种属性设置和动画属性，但不需要图层内容时，可通过替换图层操作来节约重新制作的时间。在"时间轴"面板中选择需要替换的图层，在"项目"面板中选择新的图层，按住【Alt】键的同时将所选图层拖曳到"时间轴"面板即可。

3. 图层的入点与出点

图层的入点即图层有效区域的开始点，出点则为图层有效区域的结束点。设置图层的入点与出点有以下3种方法。

● 拖曳。选择目标图层，拖曳图层对应矩形条的左右边界，即可设置图层的入点与出点，如图2-12所示。

图2-12 拖曳图层矩形条

● 快捷键设置。拖曳时间指示器至入点位置，按【Ctrl+[】组合键可设置入点；拖曳时间指示器至出点位置，按【Ctrl+]】组合键可设置出点。

● 精确设置。单击"时间轴"面板左下角的█图标，在"入"栏和"出"栏中可精确设置图层的入点与出点，如图2-13所示。

图2-13 在"入"栏和"出"栏精确设置入点与出点

图2-13中的"持续时间"栏用于控制图层的持续时间；"伸缩"栏可控制图层在该持续时间内快放或慢放，若小于"100%"将实现快放效果，若大于"100%"将实现慢放效果。

4. 图层样式

AE预设了许多图层样式，旨在为图层添加各种丰富的效果，如投影、内阴影、外发光、内发光、斜面和浮雕、光泽、颜色叠加、渐变叠加、描边等。为图层应用了某种样式后，还可进一步对该样式进行设置，并可以为样式的属性设置关键帧，使样式产生动画效果。设置图层样式的方法为：在图层上单击鼠标右键，在弹出的快捷菜单中选择"图层样式"命令，在弹出的子菜单中即可为该图层应用某种图层样式，如"外发光"样式，如图2-14所示。

图2-14 为图层应用"外发光"样式

5. 图层的混合模式

图层的混合模式在动效中的应用十分广泛，AE同样提供了许多混合模式。设置图层混合模式的方法为：选择目标图层，在"模式"下拉列表框中选择所需的混合模式。图2-15所示为"犀鸟"图层应用"柔光"混合模式后的效果。

经验之谈

若"时间轴"面板中未显示"模式"下拉列表框，可单击面板左下角的█图标激活。也可选择【图层】→【混合模式】命令，在弹出的子菜单中选择所需的混合模式。

图2-15 "柔光"混合模式的效果

6. 链接图层至父级对象

将图层通过父级对象方式链接到目标图层后，对目标图层的操作会影响链接的所有图层。例如，设置了父级图层的位移动效后，其链接的所有子级图层将产生相应的位移动效。链接图层至父级对象的方法为：在子级图层"父级和链接"栏对应的下拉列表框中直接选择父级图层，或直接拖曳左侧的父级关联器（即 图标）至父级图层上，如图2-16所示。

图2-16 建立"父子关系"后，"犀鸟"图层随"河马"图层变化

2.2 时间轴的基本操作

时间轴是控制视频内容与创建动画效果的主要工具。掌握时间轴的基本操作后，便可以更熟练地完成动态图形的设计与制作。

慕课视频

时间轴的基本操作

2.2.1 时间轴的使用方法

"时间轴"面板中使用频率较高的就是时间指示器，下面重点介绍时间指示器的作用和使用方法，以及如何控制时间轴的显示比例，以便后续更好地进行动态图形设计。

1. 时间指示器

时间指示器的外观呈 ，其下会同步跟随一条蓝色竖线，拖曳时间指示器，可以确定关键帧等对象的位置。例如，如果需要在第5秒处为某个图层插入位置属性的关键帧，则可以先将时间指示器拖曳至第5秒处，然后插入关键帧。

另外，将时间指示器定位到某个位置后，按【B】键可快速确定工作区域的开头位置，按

【N】键则可确定工作区域的结尾位置。需要注意的是，确定工作区域的开头与结尾的作用是确定影片的有效区域。例如，合成的持续时间为"10秒"，但若工作区域的开头在第2秒处，结尾在第8秒处，则渲染输出的合成只有第2秒至第8秒的内容。

> **经验之谈**
>
> 　　总地来说，通过时间指示器可以定位关键帧的插入位置，快速设置工作区域的开头和结尾。除此以外，通过时间指示器可以快速指定图层的入点和出点，拖曳时间指示器，还可以预览制作的动态效果。

2. 时间轴的显示比例

时间轴的显示比例可根据需要随时调整，具体方法主要有以下两种。

- 拖曳时间导航器。在时间指示器上方灰色矩形条左右两侧会显示时间导航器，左侧为时间导航器开始，右侧为时间导航器结束，拖曳时间导航器便可以调整时间轴的显示比例。
- 缩小或放大时间轴。拖曳时间轴底端的圆形滑块，可以随时缩小或放大时间轴。

2.2.2 关键帧的管理

关键帧是动态图形不可或缺的元素，全面掌握关键帧的操作，可以更好地对关键帧进行管理，以完善动态效果。

1. 关键帧自动记录器

关键帧自动记录器是各属性左侧的"秒表"按钮 ，单击该按钮，使其呈蓝色显示后，便会自动在当前时间指示器处插入关键帧，并记录其他时段中该属性是否发生了变化，如果发生了变化，则自动插入关键帧，如图2-17所示。

需要特别注意的是，如果关闭属性的关键帧自动记录器，则属性中插入的所有关键帧将全部被清除。

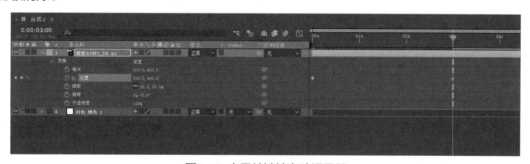

图2-17 启用关键帧自动记录器

2. 插入关键帧

插入关键帧的一般方法是激活图层或特效下某个属性的关键帧自动记录器，通过改变属性值自动插入关键帧。以图层为例，插入关键帧的基本操作流程为：选择图层，展开图层和图层样式属性，将时间指示器定位到创建第1个关键帧的位置，单击属性左侧的"秒表"按钮 ，开启关键帧自动记录器，并在当前时间指示器的位置插入第1个关键帧，此时可调整属性值；然后将时间指示器移至下一个需要插入关键帧的位置，重新调整属性值，此时会自动插入关键帧。以此类推，多次操作后即可为图层的某个属性插入多个关键帧，实现动态效果，如图2-18所示。

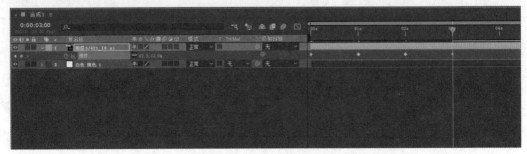

图2-18 插入多个关键帧

3. 关键帧导航器

每个属性所在行的最左侧都会显示关键帧导航器，单击左侧的三角形标记或按【J】键，可以切换至上一个关键帧；单击右侧的三角形标记或按【K】键，可以切换至下一个关键帧；单击中间的菱形标记，可在添加关键帧和删除关键帧两个操作之间切换。

4. 选择关键帧

选择关键帧有以下3种常见操作方法。

- 选择单个关键帧。在"时间轴"面板中展开图层中含有关键帧的属性，单击时间轴上的关键帧即可将其选择，被选择的关键帧呈蓝色。
- 选择多个关键帧。在选择单个关键帧的操作基础上，同时按住【Shift】键不放即可加选多个关键帧。也可通过直接拖曳鼠标来框选多个关键帧。
- 选择所有关键帧。选择该属性的名称可选择所有关键帧。

5. 移动关键帧

移动关键帧的操作非常简单，只需拖曳关键帧至目标位置即可。

6. 复制关键帧

复制关键帧的操作在动态图形制作过程中非常实用，可以极大地提高操作效率。可以在同一个图层或不同的图层之间复制关键帧。复制时，只需选择一个或多个关键帧，按【Ctrl+C】组合键复制，选择目标位置或目标图层后，按【Ctrl+V】组合键粘贴关键帧。

需要注意的是，在不同图层之间复制关键帧时，需确保两个图层的关键帧的属性参数相同。例如，将某个2D图层的位置属性关键帧复制到另一个2D图层的锚点属性上，由于这两个属性的数据类型都是x轴和y轴的数据，因此可以实现复制操作。

7. 删除关键帧

删除关键帧的方法为：选择一个或多个关键帧，按【Delete】键。如果需要删除该属性上的所有关键帧，则可在选择属性的名称后按【Delete】键，也可直接单击属性左侧的"秒表"按钮关闭关键帧自动记录器。

2.2.3 关键帧插值的应用

关键帧插值是指在两个已知的数值之间调整未知数值的操作，例如，某个属性数值在第0秒为"0"，在第10秒为"100"，那么从0变化到100就是插值的变化。AE中的关键帧插值可分为时间插值和空间插值两种，分别对应速率的变化和路径的变化，最终目的都是让动态效果更加真实和自然。

1. 时间插值

设置时间插值的目的是通过改变关键帧的时间数值来控制速率的变化，使物体具有先快后慢、先慢后快，或由慢至快再变慢等各种速率变化效果。设置时间插值的方法为：选择关键帧，在关键帧上单击鼠标右键，在弹出的快捷菜单中选择"关键帧插值"命令，打开"关键帧插值"对话框，在"临时插值"下拉列表框中可更改插值类型，如图2-19所示。各时间插值类型的具体含义如下，对应的路径表示则可参考图2-20所示。

- 线性。线性可使关键帧之间的变化速率匀速改变。
- 贝塞尔曲线。贝塞尔曲线可通过调整节点的手柄来控制变化速率。
- 连续贝塞尔曲线。连续贝塞尔曲线可使通过关键帧时的变化速率更加平滑，并可手动调整节点处的变化速率。
- 自动贝塞尔曲线。自动贝塞尔曲线可使通过关键帧时的变化速率更加平滑，但不能手动调整节点处的变化速率。
- 定格。定格不能产生过渡动画。

图2-19 临时插值的类型

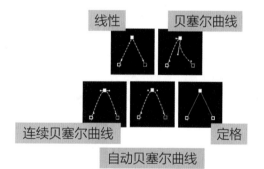

图2-20 各类插值的路径示意图

设置插值类型后，可单击"图表编辑器"按钮，在显示的图表编辑界面上单击鼠标右键，在弹出的快捷菜单中选择"编辑速度图表"命令，如图2-21所示。

图2-21 编辑速度图表

此时可通过拖曳节点和节点处的手柄调整变化速率。图2-22所示的图形表示缓慢加速至缓慢结束的效果。完成后只需再次单击"图表编辑器"按钮■即可。

图2-22 调整节点和手柄来控制变化速率

当无须精确设置变化速率时，则可利用快捷菜单或快捷键快速为关键帧设置变化速率，具体方法为：选择一个或多个关键帧，在其上单击鼠标右键，在弹出的快捷菜单中选择"关键帧辅助"命令，在弹出的子菜单中选择"缓入""缓出"或"缓动"命令；或直接按【Shift+F9】组合键设置缓入效果，按【Ctrl+Shift+F9】组合键设置缓出效果，按【F9】键设置缓动效果（缓入+缓出）。

2. 空间插值

设置空间插值的方法为：选择关键帧，在其上单击鼠标右键，在弹出的快捷菜单中选择"关键帧插值"命令，打开"关键帧插值"对话框，在"空间插值"下拉列表框中选择插值类型，然后单击 确定 按钮。此时可利用工具栏中的选取工具调整节点和手柄，以调整运动路径，如图2-23所示。

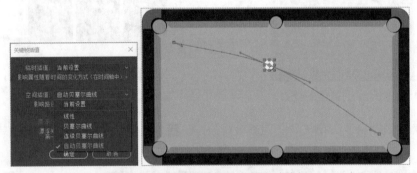

图2-23 设置空间插值并调整运动路径

📷 2.3 蒙版与遮罩的使用

蒙版与遮罩是设计师在AE中进行动效制作或后期合成时经常使用的工具，利用蒙版与遮罩可完成各种操作。

慕课视频

蒙版与遮罩的使用

2.3.1 蒙版的创建与删除

蒙版相当于一个封闭的贝塞尔曲线所构成的路径轮廓，轮廓可以作为图层中透明区域与不透明区域的分界线。蒙版依附于图层，是图层的一种属性，而不是独立的图层。在AE中创建和删除蒙版的方法如下。

1. 使用形状工具创建蒙版

使用AE提供的形状工具可以快速创建蒙版，具体方法为：选择需创建蒙版的图层，切换到相应的形状工具，在"合成"面板中绘制出形状即可，如图2-24所示。

当需要调整蒙版的位置或形状时，则可以选择该图层下的蒙版选项，然后利用选取工具 或钢笔工具组下的转换顶点工具 进行编辑。

图2-24 利用椭圆工具创建椭圆蒙版

2. 使用钢笔工具创建蒙版

若想创建出更加复杂的蒙版，则可以借助钢笔工具实现，具体方法为：选择需创建蒙版的图层，切换到钢笔工具 ，在图层上单击绘制蒙版路径，当绘制的路径闭合后，便可创建出相应的蒙版，如图2-25所示。

若需要调整蒙版的位置或大小，可先选择该图层下的蒙版选项，然后按【Ctrl+T】组合键调出蒙版路径的定界框，利用选取工具 调整蒙版位置或大小，最后按【Enter】键确定。

图2-25 利用钢笔工具创建蒙版

3. 使用菜单命令创建蒙版

在菜单栏中选择【图层】→【蒙版】→【新建蒙版】命令或直接按【Ctrl+Shift+N】组合键，将快速创建出一个与图层大小一致的矩形蒙版。此后若继续选择【图层】→【蒙版】→【蒙版形状】命令，可打开"蒙版形状"对话框，在其中可设置定界框的位置，并将定界框重置为矩形或椭圆形，如图2-26所示。

图2-26 调整蒙版形状

4. 删除蒙版

删除蒙版的方法为：选择图层下需要删除的蒙版，按【Delete】键或【BackSpace】键即可。

2.3.2 蒙版的属性

蒙版包含4种属性，分别是蒙版路径、蒙版羽化、蒙版不透明度和蒙版扩展，选择图层后，快速按两次【M】键可显示出蒙版的属性内容，如图2-27所示。

图2-27 蒙版的属性

1. 蒙版路径

按【M】键可调出蒙版路径属性，该属性主要用于调整蒙版的位置和形状，通过插入关键帧便能制作出蒙版移动和变形的动态效果，如图2-28所示。

图2-28 蒙版从左至右由五角星变为其他形状

2. 蒙版羽化

按【F】键可调出蒙版羽化属性，该属性主要用于调整蒙版边界的羽化程度，使边界的过渡效果更加自然，如图2-29所示。

图2-29 不同羽化程度的蒙版效果

3. 蒙版不透明度

快速按两次【T】键可调出蒙版不透明度属性，该属性主要用于调整蒙版的不透明度，当参数值为100%时为完全不透明，当参数值为0%时则为完全透明，如图2-30所示。

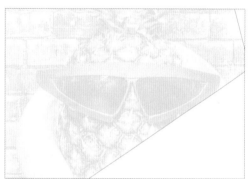

图2-30 不同不透明度的蒙版效果

4. 蒙版扩展

蒙版扩展属性主要用于调整蒙版的扩展程度，若为正值则扩展蒙版区域（左图），若为负值则收缩蒙版区域（右图），如图2-31所示。

图2-31 不同扩展的蒙版效果

2.3.3 蒙版的布尔运算

在AE中可以为一个图层创建多个蒙版，当图层中存在多个蒙版时，AE会由上至下依次处理蒙版及其对应的属性或效果。同时，利用布尔运算功能可处理多个蒙版，使它们产生不同的叠加效果，如图2-32所示。

图2-32 蒙版的各种布尔运算

- 相加。相加是指同时显示所有蒙版区域中的内容，效果如图2-33所示。
- 相减。相减是指将当前蒙版区域和其上蒙版区域重叠的部分减掉，效果如图2-34所示。

 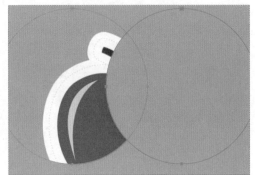

图2-33 相加运算效果　　　　　　　图2-34 相减运算效果

- 交集。交集是指仅显示当前蒙版与其上所有蒙版的重叠部分，效果如图2-35所示。
- 变亮。变亮运算与相加运算相似，对于蒙版重叠处采用不透明度较高的值，效果如图2-36所示。

图2-35 交集运算效果　　　　　　　图2-36 变亮运算效果

- 变暗。变暗是指在蒙版重叠处采用不透明度较低的值，效果如图2-37所示。

● 差值。差值是指先将所有蒙版进行相加，然后减去所有蒙版的相交部分，效果如图2-38所示。

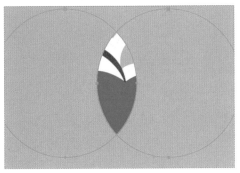

图2-37 变暗运算效果

图2-38 差值运算效果

经验之谈

　　蒙版创建后默认采用相加运算模式，若选择"无"选项，则蒙版将仅作为路径形式存在，而不会被作为蒙版使用。

2.3.4 遮罩的含义与用法

　　遮罩不同于蒙版，它是一个单独的图层，通过相邻图层之间遮挡关系形成遮罩效果。也就是说，建立遮罩的前提是必须存在遮挡图层和被遮挡图层，被遮挡图层必须在遮挡图层下方且与其相邻。

　　在AE中使用遮罩前，需要合理调整遮挡图层与被遮挡图层的位置，然后在"TTrkMat"栏的下拉列表框中选择遮罩选项。应用遮罩后，被遮挡图层的颜色会受到遮挡图层颜色的映射，遮挡图层的"隐藏"图标 会自动关闭，如图2-39所示。

图2-39 应用遮罩后的"时间轴"面板效果

2.3.5 遮罩的类型

AE提供了4种不同的遮罩类型，它们的具体作用和效果如下。

● Alpha遮罩。Alpha遮罩是读取遮挡图层的不透明度信息并对被遮挡图层应用。应用Alpha遮罩后，被遮挡图层的不透明度只受遮挡图层不透明度影响，不受其亮度影响。效果如图2-40所示。

图2-40 Alpha遮罩的效果

● Alpha反转遮罩。Alpha反转遮罩是读取遮挡图层的不透明度信息，反转后对被遮挡图层应用。应用Alpha反转遮罩后，被遮挡图层同样只受遮挡图层不透明度影响，不受其亮度影响。效果如图2-41所示。

图2-41 Alpha反转遮罩的效果

● 亮度遮罩。亮度遮罩是读取遮挡图层的亮度信息，转换为不透明度后对被遮挡图层应用。应用亮度遮罩后，被遮挡图层的不透明度只受遮挡图层颜色亮度影响。遮挡图层亮度值越大，被遮挡图层不透明度值越大。透明图层亮度值为0。效果如图2-42所示。

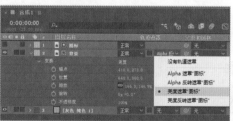

图2-42 亮度遮罩的效果

● 亮度反转遮罩。亮度反转遮罩是读取遮挡图层的亮度信息，反转后转换为不透明度并对被遮挡图层应用。应用亮度反转遮罩后，被遮挡图层的不透明度同样只受遮挡图层颜色亮度影响。遮挡图层亮度值越大，被遮挡图层不透明度值越小。效果如图2-43所示。

图2-43 亮度反转遮罩的效果

2.4 文本对象的基本操作

慕课视频

文本对象的基本操作

　　AE中的文本对象都是通过创建文本图层来应用的，具体创建方法这里不详细介绍，而将侧重介绍文本的属性和文本的动画属性等内容。

2.4.1 文本的属性

　　文本的属性主要由字符和段落两大属性构成。

1. 字符属性

　　常见的字符属性包括字体、字号、颜色、字符间距、行距、字符缩放比例等，这些属性都可以通过"字符"面板设置。设置字符属性的方法为：在工具栏中切换到横排文字工具**T**，选择图层中的文本对象，即可在"字符"面板中设置其字符属性，如图2-44所示。

图2-44 设置字符属性

2. 段落属性

　　段落属性主要包括各种对齐方式、缩进方式和段落间距等属性。当创建文本时，如果使用了【Enter】键分段，则可以根据需要设置各段文本的段落属性。设置段落属性的方法为：在工具栏中切换到横排文字工具**T**，选择图层中的段落文本对象，即可在"段落"面板中设置段落属性，如图2-45所示。

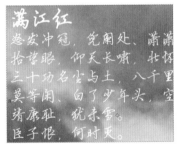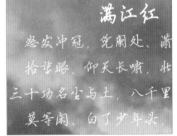

图2-45 设置段落属性

2.4.2 文本的动画属性

　　由于文本图层具备一些特殊的属性，因此在设置文本图层的动画属性时，可以通过源文本动画或动画选择器进行设置。

1. 源文本动画

源文本动画可以通过调整文本内容、字符或段落属性，来实现定格动画效果，具体制作方法为：展开文本图层的"文本"栏目，在合适的时间位置设置文本的内容及属性，并插入关键帧，然后调整到目标时间位置，更改文本的内容或属性即可，如图2-46所示。

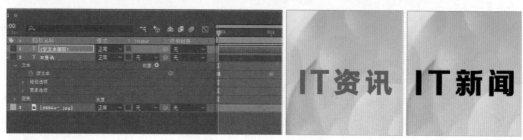

图2-46 源文本动画效果

经验之谈

源文本动画只能产生定格动画的效果，即只有当时间变化到关键帧所在位置，才会显示对应的内容，适合快速切换视频字幕等需要文本定格动画的情形。

2. 动画选择器

默认情况下，图层的5种基本属性不会在文本图层中显示，因为文本图层不仅具备这5种基本属性，还包括填充颜色、描边颜色、描边宽度、字符间距等多种属性。设置文本的动画属性时，先展开文本图层，单击右侧的动画选择器图标 ，在弹出的下拉列表中选择需要的动画属性，然后才可以在文本图层中进行设置。设置文本动画属性后，文本图层中会显示对应的动画制作工具属性，如图2-47所示。

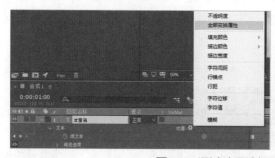

图2-47 通过动画选择器设置文本动画属性

单击动画制作工具右侧的"添加"图标 ，可在弹出的下拉列表中选择"选择器"选项，并在弹出的子列表中选择"范围""摆动"或"表达式"选项，如图2-48所示。下面分别说明这3个选项的作用和使用方法。

- 范围。范围可以使文本按照特定的顺序进行移动和缩放，其具体的属性参数如图2-49所示。
- 摆动。摆动可以使文本在指定的时间段内产生摇摆动画，其具体的属性参数如图2-50所示。

● 表达式。表达式可以通过输入表达式来控制文本动画，其具体的属性参数如图2-51所示。

图2-48 添加动画选择器

图2-49 范围选择器的属性参数

图2-50 摆动选择器的属性参数

图2-51 表达式选择器的属性参数

◎ 2.5 特效的应用与设置

慕课视频

特效的应用与设置

　　AE特效属于动态层级的特效，所有特效都可以通过设置得到动态效果。在动态图形设计的过程中，充分应用特效不仅能提高操作效率，而且能制作出十分专业和精彩的画面。

2.5.1 添加特效

　　AE内置了大量的特效，用户可以很方便地将这些特效添加到指定图层中。

1. 利用菜单命令添加特效

　　利用菜单命令添加特效的方法为：选择"时间轴"面板中的目标图层，单击"效果"菜单项，在弹出的下拉菜单中选择所需的特效，如图2-52所示。

图2-52 利用菜单命令添加特效

2. 利用快捷菜单添加特效

利用快捷菜单添加特效的方法为：选择"时间轴"面板中的目标图层，在其上单击鼠标右键，在弹出的快捷菜单中选择"效果"命令，并在弹出的子菜单中选择所需的特效，如图2-53所示。

图2-53 利用快捷菜单添加特效

3. 利用"效果和预设"面板添加特效

利用"效果和预设"面板添加特效的方法为：选择"时间轴"面板中的目标图层，在"效果和预设"面板中选择所需的特效，将其拖曳到目标图层上，如图2-54所示。

图2-54 利用"效果和预设"面板添加特效

2.5.2　修改特效

为图层添加了特效后，图层名称右侧会显示"效果"图标*fx*，此时展开图层，可看到"效果"栏目，继续展开该栏目，即可修改添加的特效，如图2-55所示。

图2-55 查看并修改特效

除上述方法外，更常用的修改特效的方法为：通过"窗口"菜单显示"效果控件"面板，该面板一般位于"项目"面板右侧，在其中可以更加方便地修改特效的各种参数，如图2-56所示。

图2-56 在"效果控件"面板中修改特效的参数

2.5.3 删除特效

删除特效的方法为：在"时间轴"面板中选择图层中的特效选项，或在"效果控件"面板中选择特效名称，按【Delete】键即可。

如果不想删除特效，而只想临时关闭特效来查看画面内容，则可单击"时间轴"面板中该特效左侧的"效果"图标 *fx*，如图2-57所示。需要注意的是，临时关闭的特效不仅不会在"合成"面板中显示，在预览和渲染时也不会出现。

图2-57 临时关闭特效

2.5.4 特效插件的应用

AE之所以被广泛应用在各个领域，除了自身具有强大的功能外，各种第三方插件的支持也非常重要。特效插件实际上就是AE内置特效的扩展，这些插件主要针对AE中一些特定的功能，能实现AE自身很难实现或无法实现的效果。

特效插件的使用一般有两种方式。当获取到特效插件后，如果其中包含安装程序，如Setup.exe或Install.exe等安装程序，直接安装便可使用，例如红巨人粒子特效就是采用这种方式。如果没有安装程序，而是有后缀名为.aex的文件，则直接将该文件复制到AE安装盘下的"Program Files\Adobe\Adobe After Effects CC 2019\SupportFiles\Plug-ins"文件夹中即可。

除插件外，各种AE脚本文件（后缀名为.jsxbin或.jsx等）也是制作动态图形时常用的工具，如常用的Motion2脚本文件可以非常方便地调整锚点位置。如果需要安装脚本文件，则需要将该文件复制到AE安装盘下的"Program Files\Adobe\Adobe After Effects CC 2019\Support Files\Scripts\ScriptUI Panels"文件夹中，然后在AE中选择【编辑】→【首选项】→【常规】命令，在打开的对话框中勾选"允许脚本写入文件和访问网络"复选框。之后在"窗口"菜单项下即可选择使用特效。

2.6 3D效果的使用

慕课视频

3D效果的使用

3D效果可以使画面呈现出立体的效果，打造出更加优秀的动态图形效果。用户在AE中可以很方便地设置3D效果，如3D图层的使用、灯光的使用、摄像机的使用等。

2.6.1 3D图层的使用

除音频素材外，其他素材都可以应用3D效果，应用时只需为素材对应的图层开启3D图层效果即可，开启3D图层效果的方法为：单击图层右侧对应的"3D图层"图标 。当图层转换为3D图层后，其图层属性如图2-58所示。

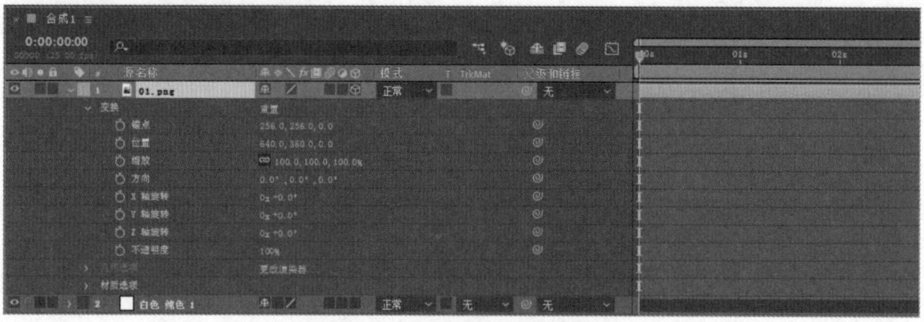

图2-58 3D图层的属性参数

1. 3D图层的基本属性

3D图层的基本属性包含横向的x轴参数、纵向的y轴参数，以及纵深的z轴参数。各条轴常用的属性主要是方向与旋转，下面分别介绍。

- 方向。当调整方向属性时，图层将围绕世界轴旋转，其调整范围为0°~360°，因此在动态图形设计中通常通过调整方向属性来设置其他图层方向的参考位置，类似于指南针的作用。

- 旋转。当调整旋转属性时，图层将围绕本地轴旋转，其调整范围不受限制，因此在设计动态图形的旋转动效时通常会选择这个参数。

2. 3D图层的材质属性

3D图层的材质属性主要用于设置该图层如何反映灯光光照系统的效果，其参数如图2-59所示。

图2-59 3D图层的材质属性及参数

- 投影。投影包括"关""开""仅"3种模式，用于设置关闭投影效果、打开投影效果或仅显示投影效果。
- 透光率。透光率即透光程度，可以体现半透明物体在灯光下的效果。
- 接受阴影。接受阴影表示是否接受阴影效果，此属性不能用于制作关键帧动画。
- 接受灯光。接受灯光表示是否接受光照效果，此属性不能用于制作关键帧动画。
- 环境。环境可调整3D图层受"环境"类型灯光影响的程度。
- 漫射。漫射可调整3D图层受"漫反射"类型灯光影响的程度。
- 镜面强度。镜面强度可调整3D图层镜面反射的程度。
- 镜面反光度。镜面反光度可调整3D图层中镜面高光的反射区域和强度。
- 金属质感。金属质感可调整由镜面反光度反射的光的颜色。

2.6.2 灯光的使用

由于3D图层具备材质属性，因此要想发挥该属性的作用，还需要在场景中添加灯光效果，使画面更加真实与丰富。"2.1.1 图层的类型与创建方法"中介绍了灯光图层的创建方法，下面在此基础上重点介绍不同光源的效果与设置方法。

1. 点光源

创建点光源图层后，灯光图层下方的图层会应用光照效果，此时可以在"合成"面板下方的"视图"下拉列表框中选择"自定义视图1"选项，切换画面的显示角度，从而更好地观察灯光的照射效果，也便于进行设置，如图2-60所示。

- 调整光源位置。在"合成"面板中选择灯光图层，将鼠标指针移至坐标轴上并拖曳，即可调整光源的位置。其中，拖曳红色的x轴可在水平方向上移动光源；拖曳绿色的y轴可在垂直方向上移动光源；拖曳蓝色的z轴可在纵深方向移动光源。
- 设置光源参数。创建灯光图层后，若要重新设置光源参数，可通过两种方法实现。一是直接双击灯光图层左侧的"光源"图标，在打开的"灯光设置"对话框中按创建灯光图层的方法设置各项参数。另一种方法则是直接展开灯光图层的属性栏目，在其中重新设置各属性的参数，如图2-61所示。

图2-60 点光源效果

图2-61 点光源属性及参数

2. 聚光灯

聚光灯与点光源不同，它不仅可以调整光源位置，还可以调整光源照射的方向，如图2-62所示。

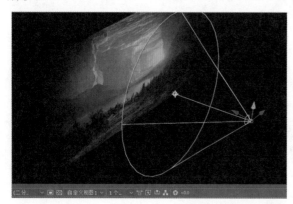

图2-62 聚光灯的效果及属性参数

3. 平行光

平行光虽然同样可以调整光源照射的位置和方向，但不同于聚光灯，平行光的照射效果为整体照射，如图2-63所示。

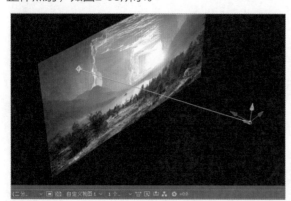

图2-63 平行光的效果及属性参数

4. 环境光

环境光可为整个场景添加光源，它只能设置灯光强度和颜色，经常应用于需要为整个场景补充照明的情形，如图2-64所示。

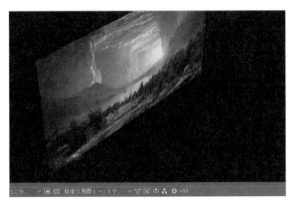 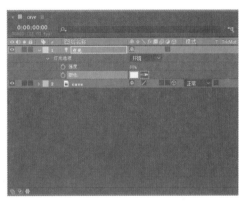

图2-64 环境光的效果及属性参数

2.6.3 摄像机的使用

创建了摄像机图层后，可以模拟"推、拉、摇、移"等真实操作来控制摄像机的拍摄内容，还可以调整摄像机的光圈、景深等各种属性。

1. 控制摄像机

控制摄像机可以借助工具栏中的摄像机工具组实现。摄像机工具组中包含统一摄像机工具、轨道摄像机工具、跟踪XY摄像机工具和跟踪Z摄像机工具4种工具，它们的作用分别如下。

- 统一摄像机工具。选择统一摄像机工具后，在"合成"面板中按住鼠标左键不放并拖曳鼠标，可实现摇动摄像机的效果；按住鼠标滚轮不放并拖曳鼠标，可实现平移摄像机的效果；按住鼠标右键不放并拖曳鼠标，可实现推拉摄像机的效果，如图2-65所示。

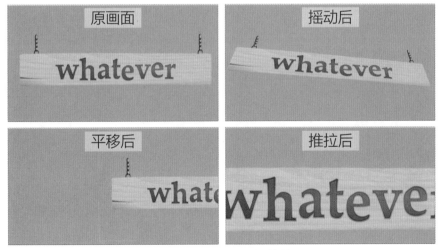

图2-65 各种控制摄像机的效果

- 轨道摄像机工具。轨道摄像机工具对应统一摄像机工具的摇动效果。
- 跟踪XY摄像机工具。跟踪XY摄像机工具对应统一摄像机工具的平移效果。
- 跟踪Z摄像机工具。跟踪Z摄像机工具对应统一摄像机工具的推拉效果。

2. 设置摄像机

为了更好地设置摄像机并查看效果，还可以将"合成"面板设置为多个视图显示状态，如在"视图布局"下拉列表框中选择"2个视图-水平"选项；然后将左侧视图视角设置为"摄像机1"，将右侧视图视角设置为"自定义视图1"，此时左侧视图为摄像机拍摄的画面内容，右侧视图可用于调整摄像机的位置和拍摄方向，如图2-66所示。

图2-66　通过两个视图调整摄像机

另外，双击摄像机图层左侧的"摄像机"图标 ，可在打开的"摄像机设置"对话框中按创建摄像机图层的方法重新设置其各项参数。也可在"时间轴"面板中直接展开摄像机图层的属性栏目，在其中修改摄像机图层相应属性的参数，如图2-67所示。

图2-67　摄像机图层的属性及参数

经验之谈

　　只有开启了3D图层效果的图层才可以应用灯光和摄像机效果。如果在没有开启3D图层效果的前提下创建灯光图层或摄像机图层，AE会及时给出提醒。

2.7 表达式的应用

AE的表达式基于标准的JavaScript语言。使用表达式可以为图层中不同的属性建立联系，并能快速制作出一系列复杂的动画效果，极大地提高操作效率。

2.7.1 表达式的基本操作

表达式的基本操作主要包括添加表达式、链接表达式、编辑表达式、删除表达式、禁用表达式、注释表达式等，下面依次介绍。

1. 添加表达式

在AE中添加表达式的方法较多，但无论使用哪种方法，都需要先选择目标图层下的某个属性，然后执行以下任意操作。

- 利用菜单栏添加表达式。选择【动画】→【添加表达式】命令。
- 利用快捷键添加表达式。按【Alt+Shift+=】组合键。
- 利用"秒表"按钮 添加表达式。按住【Alt】键的同时单击该图层属性左侧的"秒表"按钮 。

添加表达式后，该图层属性下方将显示表达式栏，在右侧的文本框中可输入表达式内容，如图2-68所示。

图2-68 添加的表达式栏

2. 链接表达式

通过表达式关联器可以快速为图层属性链接其他图层的属性内容，具体方法为：按住【Alt】键的同时单击该图层属性左侧的"秒表"按钮 ，展开该图层属性的表达式栏，拖曳表达式关联器（即 图标）至目标图层属性的名称上即可，如图2-69所示。如果拖曳表达式关联器到目标图层属性的某个参数上，则可应用该参数的内容。

图2-69 链接其他图层的属性内容

3. 编辑表达式

编辑表达式的方法为：展开图层属性的表达式栏，单击右侧的表达式文本框，在其中输入所需的表达式内容，完成后按小键盘上的【Enter】键或单击表达式文本框以外的任意区域即可。

4. 删除表达式

删除表达式的方法与添加表达式的方法类似，可通过菜单栏、快捷键和"秒表"按钮实现。删除表达式之前，同样需要选择目标图层的属性，然后执行以下任意操作。

● 利用菜单栏删除表达式。选择【动画】→【移除表达式】命令。

● 利用快捷键删除表达式。按【Alt+Shift+=】组合键。

● 利用"秒表"按钮删除表达式。按住【Alt】键的同时单击该图层属性左侧的"秒表"按钮。

5. 禁用表达式

如果暂时不想应用表达式的效果，也不必将其删除，可以采取禁用的方式。禁用表达式的方法为：展开目标图层属性的表达式栏，单击"启用表达式"按钮，当其变为状态时，表示该表达式当前处于禁用状态，再次单击该按钮，便可重新启用表达式。

6. 注释表达式

注释表达式是为了方便对表达式的语句进行管理，注释内容不会产生任何效果。表达式的注释方法有以下两种。

● 单行注释。如果注释内容处于一行，则只需在注释内容前面输入"//"即可注释表达式，如图2-70所示。

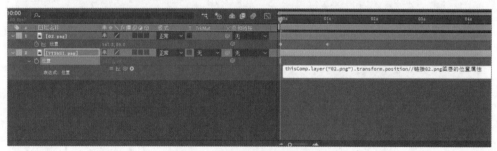

图2-70 单行注释语句的使用

● 多行注释。如果注释内容涉及多行，则需在注释内容前后分别输入"/*"和"*/"以表示注释语句，如图2-71所示。

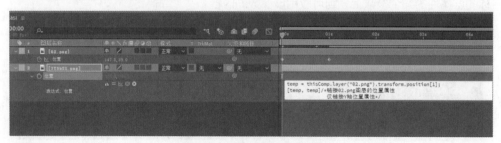

图2-71 多行注释语句的使用

2.7.2 常用的表达式函数

用户在AE中会经常使用一些表达式来处理常见的动态效果，下面列举4种以供参考使用。

● wiggle抖动表达式。可以为图层添加抖动效果。例如，在图层位置属性的表达式栏中输入"wiggle(10,10)"，则表示该图层在位置属性上每一秒抖动10次，抖动的振幅为10。

● loopOut循环表达式。可以为图层添加无限循环效果，使用时需要先为图层插入关键帧。例如，为图层插入每秒旋转1周的关键帧，然后在该属性的表达式栏中输入"loopOut()"，则可使该图层一直处于旋转状态。

● time时间表达式。可以使图层产生不同速度的效果。例如，在图层旋转属性的表达式栏中输入"time"，则该图层会产生每秒旋转1°的效果；在其中输入"time*100"，则该图层会以100倍的速度进行旋转。

● a倒计时表达式。可以使图层产生倒计时效果。例如，在文本图层的源文本属性的表达式栏中输入"a=linear(time,1,10,100,0);Math.floor(a)"，表示在1～10秒的时间内，数字将从100变为0，变化过程为整数（Math.floor(a)语句的作用）。

 项目实训——手游界面动态图形设计

⊙ 项目要求

本项目将充分利用AE强大的合成功能，制作出一款手游的界面，要求整体氛围轻松欢快，能够吸引并引导用户操作游戏。

⊙ 项目目的

本项目将根据提供的"手游界面"文件夹（配套资源：素材\第2章\手游界面）中的素材，合成一个手游界面的动态效果，如图2-72所示。通过制作本项目，读者将巩固在AE中导入素材、创建合成、使用图层、创建关键帧、应用效果，以及使用表达式等各种基础操作。

动效预览

手游界面动态图形

图2-72 手游界面的制作效果

⊗ 项目分析

手游即手机游戏，是目前风靡网络的一类游戏，主要在手机等移动终端中使用。一般而言，手游界面的设计是非常复杂的过程，各个界面的切换逻辑必须精准。本项目仅设计首页界面，旨在巩固AE的各种基本操作。这里对首页界面的设计做以下建议，仅供参考。

● 画面精美。当用户打开一款手游后，如果手游画面非常精美，并配有适合的音乐，必然会产生强大的吸引力，加深用户对手游界面的第一印象。因此，通过图形、文本、色彩、音乐、动效等元素，传达出特定的信息，是吸引用户的先决条件。

● 布局合理。手游界面的空间非常有限，因此在设计手游界面前，要先考虑手游界面需要体现的功能性元素。本项目的功能性元素主要包括游戏标题和3个功能按钮，前者起宣传提醒的作用，后者则起引导用户操作的作用。这里将3个功能按钮垂直排列，使布局简洁清晰，再配以合理的动效，可以非常明确地引导用户操作手游。

● 操作方便。若用户对手游产生了兴趣，则需要简化操作。有的手游界面虽然精美，但内容过于复杂，导致有些用户无法正确操作；而有的手游界面虽然内容简洁，但功能性按钮或其他元素过小，导致用户很难进行有效操作等，这些都是本项目在实施过程中应该注意避免的问题。

⊗ 项目思路

（1）制作背景动效。导入背景素材，在背景素材上添加镜头光晕特效，并制作动态效果。

（2）制作游戏标题。创建文本图层，制作游戏标题，再将游戏标题通过关键帧从上至下显示，并制作缩放的抖动效果。

（3）制作功能按钮。导入动物素材和按钮素材，结合文本图层创建功能按钮。通过插入关键帧和建立父子关系等操作，制作按钮动效。

（4）插入音乐并渲染输出。插入背景音乐，预览无误后渲染并输出AE文件。

⊗ 项目实施

根据项目思路，本项目的具体实施可分为4个环节，下面详细介绍制作内容及步骤。

1. 制作背景

下面先创建合成，并导入背景素材，然后创建特效并为特效添加关键帧，具体操作如下。

慕课视频

制作背景

（1）启动AE，按【Ctrl+N】组合键新建合成，在"合成设置"对话框中设置合成名称为"手游界面"，预设为"HDTV 1080 25"，持续时间为13秒。

（2）导入"背景.jpg"素材到创建的合成中，并适当增大素材，如图2-73所示。

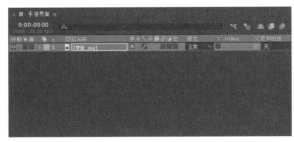

图2-73 导入素材并调整素材大小

（3）选择"背景.jpg"图层，在"效果控件"面板中单击鼠标右键，在弹出的快捷菜单中
选择【生成】→【镜头光晕】命令添加该特效。在"时间轴"面板中依次展开"背景.jpg/效果/
镜头光晕"栏目，分别在第0秒、第6秒12帧和第12秒24帧处插入关键帧，各关键帧对应的光晕
中心的参数分别为"100.0,100.0""900.0,500.0""100.0,100.0"，如图2-74所示。

图2-74 添加特效并设置光晕中心关键帧

定位时间指示器时，如果能确定目标位置，则可直接在"时间轴"面板左上角显示蓝
色数字的定位框中直接输入关键帧数值。如在定位框中输入"5"，将定位到第5帧；输入
"1.5"，将定位到第1秒5帧。另外，在定位框中还可输入表达式来定位关键帧，例如，当
前时间指示器位于第2秒12帧，在其中输入"+5"，则将快速定位到第2秒17帧。合理使用
定位框，可以更加方便地控制时间指示器，并提高插入关键帧的效率。

2. 制作标题文本

慕课视频

制作标题文本

下面创建文本图层，并设置文本属性，然后为文本建立合适的动态效果，其具体操作如下。

（1）选择【图层】→【新建】→【文本】命令创建文本图层，输入文本"玩转动物园"，选择输入的文本内容，在"字符"面板中设置字体为"方正胖娃_GBK"，字号为"107像素"，填充为"白色"，描边为"紫色"，描边宽度为"8像素"，字符间距为"–200"，如图2-75所示。

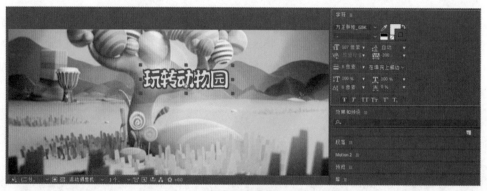

图2-75 创建文本图层并设置文本属性

（2）选择文本图层，按【P】键调出位置属性，将时间指示器调整至第0秒处，将标题文本往画面左上方拖曳，直至不再显示在画面中，然后插入关键帧。定位到第5帧，按住【Shift】键并将标题文本垂直拖曳至画面左下方，如图2-76所示。

图2-76 创建文本图层的位置动效

（3）按【S】键调出缩放属性，在按住【Alt】键的同时单击"秒表"按钮，在展开的表达式栏中输入"wiggle(10,20)"，按小键盘上的【Enter】键确认，如图2-77所示。

图2-77 输入抖动表达式

3. 制作功能按钮

下面先导入与功能按钮相关的素材，再结合文本图层、父子关系、表达式等工具制作功能按钮，具体操作如下。

（1）导入"手游界面"文件夹中的3张动物图片素材和3个矢量按钮素材，将素材添加到"手游界面"合成中，将动物素材放置在按钮素材上方。选择"小鸟.png"图层，按【S】键调出缩放属性，设置参数为"70.0%"，如图2-78所示。

图2-78 导入素材并设置缩放属性

（2）按【P】键调出"小鸟.png"图层的位置属性，将时间指示器调整至第5帧，将小鸟素材向画面右侧拖曳，直至不再显示在画面中，然后插入关键帧。定位到第10帧，按住【Shift】键并将小鸟素材水平拖曳至画面中，如图2-79所示。

图2-79 制作位置动效

61

（3）按【R】键调出"小鸟.png"图层的旋转属性，在按住【Alt】键的同时单击"秒表"按钮，在展开表达式栏中输入"wiggle(10,5)"，按小键盘上的【Enter】键确认，如图2-80所示。

图2-80 输入抖动表达式

（4）选择"蓝色按钮.ai"图层，利用锚点工具将锚点拖曳至左边框的中间位置。按【S】键调出该图层的缩放属性，将时间指示器调整至第10帧，将蓝色按钮素材拖曳至小鸟素材右侧，设置缩放比例为"0.0"，然后插入关键帧。定位到第15帧，设置缩放比例为"100.0%"，如图2-81所示。

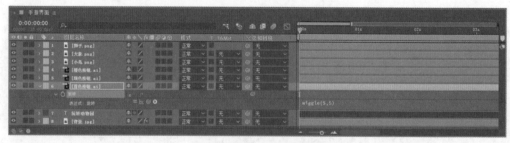

图2-81 制作按钮的缩放动效

（5）按【R】键调出"蓝色按钮.ai"图层的旋转属性，展开表达式栏，在其中输入"wiggle(5,5)"，按小键盘上的【Enter】键确认，如图2-82所示。

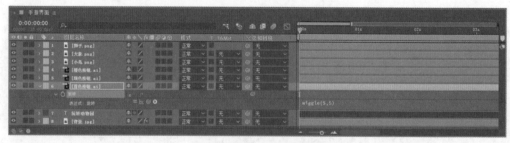

图2-82 输入抖动表达式

（6）选择"大象.png"图层，按【P】键调出位置属性，将时间指示器定位至第15帧，将大象素材向画面右侧小鸟素材的下方拖曳，直至不再显示在画面中，然后插入关键帧。定位到第20帧，按住【Shift】键将大象素材水平拖曳至画面中小鸟素材的下方，如图2-83所示。

图2-83 制作位置动效

（7）按【R】键调出"大象.png"图层的旋转属性，展开表达式栏，在其中输入"wiggle(10,5)"，按小键盘上的【Enter】键确认，如图2-84所示。

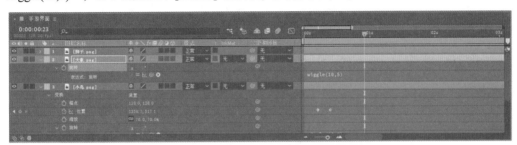

图2-84 输入抖动表达式

（8）选择"绿色按钮.ai"图层，利用锚点工具将锚点拖曳至左边框的中间位置。按【S】键调出该图层的缩放属性，将时间指示器调整至第20帧，将绿色按钮素材拖曳至大象素材右侧，设置缩放比例为"0.0"，然后插入关键帧。定位到第25帧，设置缩放比例为"100.0%"，如图2-85所示。

图2-85 制作按钮的缩放动效

（9）按【R】键调出"绿色按钮.ai"图层的旋转属性，展开其表达式栏，在其中输入"wiggle(5,5)"，按小键盘上的【Enter】键确认，如图2-86所示。

图2-86 输入抖动表达式

（10）按相同方法制作"狮子.png"图层和"橙色按钮.ai"图层的动态效果，其中"狮子.png"图层的两个关键帧位于第1秒处和第1秒5帧处，"橙色按钮.ai"图层的两个关键帧位于第1秒5帧处和第1秒10帧处，如图2-87所示。

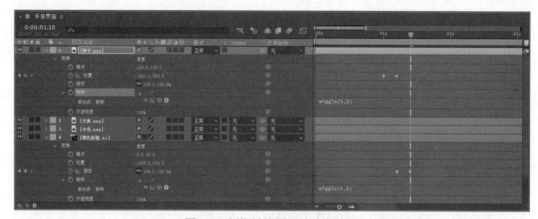

图2-87 制作其他图层的动态效果

（11）新建文本图层，输入文本"天空掠影"，设置字体为"方正黑体简体"，字号为"50像素"，填充为"深灰色"，描边为"无"，字符间距为"50"，将文本放置在蓝色按钮上方，然后利用父级关联器将其链接到"蓝色按钮.ai"图层，如图2-88所示。

图2-88 创建文本图层并链接父级图层

（12）选择"天空掠影"文本图层，按【Ctrl+D】组合键复制一层，按【Enter】键将图层名称修改为"森林寻踪"，利用文本工具**T**修改文本内容为"森林寻踪"，将文本拖曳至绿色按钮上，重新为其链接"绿色按钮.ai"图层为父级图层，如图2-89所示。

图2-89 设置第二个按钮的文本图层并链接父级图层

（13）按相同的方法复制文本图层，修改图层名称和文本内容为"草原追逐"，将文本拖曳至橙色按钮上，重新为其链接"橙色按钮.ai"图层为父级图层，如图2-90所示。

图2-90 设置第三个按钮的文本图层并链接父级图层

4. 添加音乐并渲染输出

下面将音频素材导入合成中，预览后将其渲染输出为MOV格式的视频文件，具体操作如下。

（1）将"手游界面"文件夹中的两个背景音乐文件导入合成中，并放置在"时间轴"面板最底层，按空格键预览合成效果，如图2-91所示。

慕课视频

添加音乐并渲染输出

图2-91 导入音频素材并预览合成效果

（2）按【Ctrl+M】组合键打开"渲染队列"面板的同时，将合成文件添加到渲染队列中，单击"输出模块"栏对应的对象，设置输出格式为"AVI"；在"输出到"中单击对应的文件名称，更改输出路径和名称，完成后单击 渲染 按钮，如图2-92所示，然后将该文件保存为文件夹（配套资源：效果\第2章\"手游界面文件夹"文件夹、手游界面.avi）。

图2-92 设置文件输出格式、路径和名称

 项目实训——招生广告动态图形设计

⊕ 项目要求

本项目将利用AE的纯色图层、蒙版、3D图层、特效、摄像机等功能，制作出以摄像机移动拍摄内容为主的招生广告动态效果。

⊕ 项目目的

本项目制作的招生广告动态图形效果如图2-93所示。通过制作本项目，读者将进一步巩固在AE中使用纯色图层、蒙版、3D图层、特效及摄像机等功能的方法。

动效预览

招生广告动态图形

图2-93 招生广告效果

⊛ 项目分析

本项目主体为静态图像，但通过摄像机的运动轨迹和特效的应用，同样可以制作出精彩的动态效果。总体而言，本项目的制作过程充分利用了AE的各种功能，且进一步讲解了动态图形的制作思路。

⊛ 项目思路

本项目的制作思路如下。

（1）处理素材。导入素材，并通过应用蒙版、复制图层、应用3D图层和添加特效等操作制作主体内容。

（2）美化背景。利用纯色图层和钢笔工具制作丰富的背景效果，然后通过特效美化背景内容。

（3）添加摄像机。添加摄像机图层，为摄像机的运动插入关键帧，并调整运动轨迹，最终完成动态效果的制作。

⊛ 项目实施

本项目首先导入素材，制作项目主体；然后丰富背景，完善场景内容；最后在此基础上添加摄像机图层，制作摄像机运动时产生的动态视觉效果。

1. 处理素材

慕课视频

下面先创建合成并导入素材，然后对素材进行设置蒙版、复制和应用3D图层等各种操作以制作主体内容，具体操作如下。

处理素材

（1）启动AE并新建合成，设置合成名称为"招生广告"，预设为"HDTV 1080 25"，持续时间为4秒。然后导入"招生.png"素材（配套资源：素材\第2章\招生.png），将素材添加到合成中，并适当缩小素材，使其完整显示在画面中，如图2-94所示。

图2-94 导入素材

（2）选择"招生.png"图层，使用钢笔工具围绕素材中的文字绘制蒙版，遮挡文字以外的其他图形内容，如图2-95所示。

图2-95 绘制蒙版

（3）为图层添加"曲线"效果，调整曲线，适当降低素材亮度，使素材颜色更加饱满，如图2-96所示。

图2-96 降低素材亮度

（4）按【Ctrl+D】组合键复制图层，为复制图层应用3D图层效果，按【R】键调出3D图层的旋转属性，调整x轴旋转参数为"0x-80.0°"，然后向下拖曳y轴至原图层下方，如图2-97所示。

图2-97 复制图层并设置3D图层的旋转和位置属性

（5）删除3D图层的"曲线"效果，重新为3D图层添加"快速方框模糊"效果，分别调整模糊半径、迭代和模糊方向的参数为"200.0""10""垂直"，如图2-98所示。

图2-98 设置模糊效果

2. 美化背景

慕课视频

美化背景

下面借助纯色图层和特效工具，进一步丰富背景内容，具体操作如下。

（1）按【Ctrl+Y】组合键新建一个淡灰色纯色图层，将其放置在"时间轴"面板最下方，如图2-99所示。

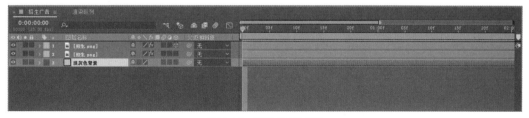

图2-99 创建纯色图层

（2）新建一个淡黄色纯色图层，将其放置在"淡灰色背景"图层上方，利用椭圆工具绘制蒙版，仅显示下方的部分内容，然后设置蒙版羽化属性为"200.0"，如图2-100所示。

图2-100 创建背景并设置蒙版

（3）选择最下方的背景图层，按【Ctrl+D】组合键复制图层，使用钢笔工具 绘制蒙版区域，然后为图层添加"曲线"效果，适当提高其亮度，如图2-101所示。

图2-101 复制图层并添加蒙版和曲线1

（4）选择最下方的背景图层，按相同的方法复制图层、绘制蒙版区域并添加"曲线"效果，适当调整其亮度，使3个背景图层的颜色过渡较为自然，如图2-102所示。

图2-102 复制图层并添加蒙版和曲线2

（5）新建纯色图层，将该图层放置在3个淡灰色背景图层的上方，为其添加"CC Grid Wipe"效果，然后在"效果控件"面板中调整该特效的属性参数，参考效果如图2-103所示。

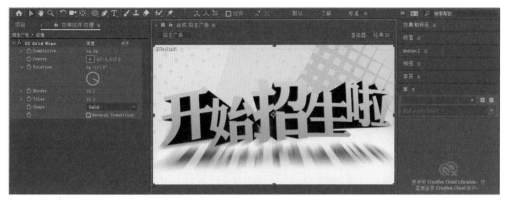

图2-103 添加图层并设置特效

（6）为3个背景图层和纹理图层均添加"填充"效果，更改3个背景图层的填充颜色为"淡黄色"，纹理图层的填充颜色为"粉红色"，参考效果如图2-104所示。

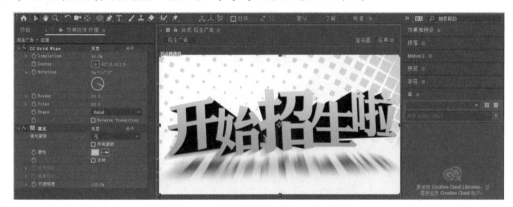

图2-104 为图层添加"填充"效果

经验之谈

在添加了"曲线"效果的淡灰色背景图层中，需要将"填充"效果拖曳至"曲线"效果的上方才能出现亮度不同的渐变效果。另外，为纯色图层添加"填充"效果后，可以随时调整其填充颜色，这比按【Ctrl+Shift+Y】组合键重新更改图层颜色更加方便快捷。

3. 添加摄像机

下面先添加摄像机图层，并插入关键帧；然后适当调整关键帧，使动态画面更加流畅自然；最后为素材对象添加扫光特效，丰富动效内容，具体操作如下。

慕课视频

添加摄像机

（1）开启另一个"招生.png"图层的3D图层开关。在"时间轴"面板的空白区域单击鼠标右键，在弹出的快捷菜单中选择【新建】→【摄像机】命令，在打开的对话框中选择预设为"35mm"，创建摄像机图层。按【P】键调出其位置属性，在第0帧处插入关键帧，设置位置属性的z轴参数为"0.0"，如图2-105所示。

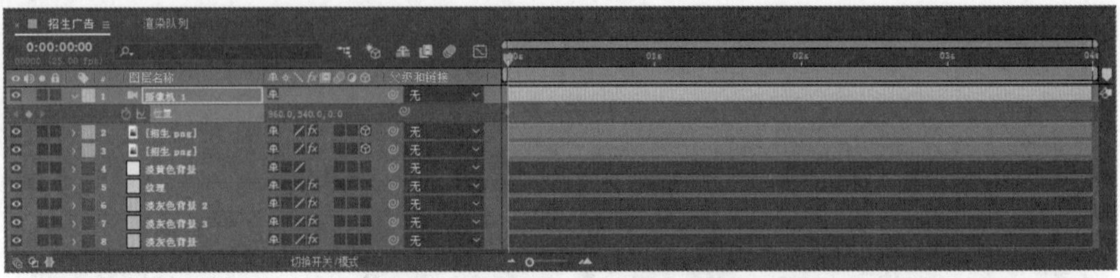

图2-105 添加摄像机并插入位置关键帧

（2）定位到第2秒处，设置z轴参数为"-2500.0"，如图2-106所示。

图2-106 插入关键帧1

（3）定位到第2秒5帧处，设置z轴参数为"-2000.0"，如图2-107所示。

图2-107 插入关键帧2

（4）框选第2秒和第2秒5帧处的关键帧，按【Ctrl+C】组合键复制关键帧。定位到第2秒10帧处，按【Ctrl+V】组合键粘贴关键帧。继续定位到第2秒20帧处，再按【Ctrl+V】组合键粘贴关键帧，如图2-108所示。

图2-108 复制关键帧

（5）框选所有关键帧，按【F9】键设置缓动效果。然后单击"图表编辑器"按钮，调整关键帧速率，如图2-109所示。

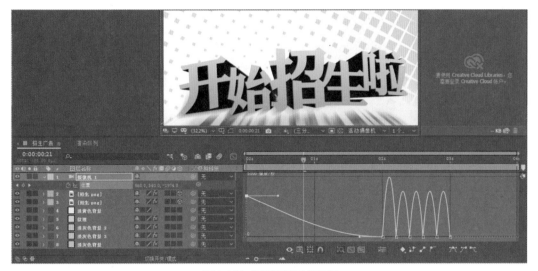

图2-109　调整关键帧速率

（6）选择下层的"招生.png"素材，为其添加"CC Light Sweep"效果，调整该扫光效果的方向、宽度等属性。然后定位到第3秒5帧，将扫光效果拖曳至素材左边外侧，插入关键帧。重新定位到第3秒20帧，将扫光效果拖曳至素材右边外侧。框选两个关键帧，按【F9】键设置缓动效果，如图2-110所示。

图2-110　添加特效并插入关键帧

（7）按空格键预览动效，确认无误后将其渲染输出，并将该文件保存为文件夹（配套资源：效果\第2章\"招生广告文件夹"文件夹、招生广告.avi）。

？ 思考与练习

1. 列举AE中的图层类型及它们的作用。

2. 图层有几种基本属性，调出这些属性的快捷键分别是哪些？【U】键有什么作用？

3. 怎样利用关键帧自动记录器插入关键帧？

4. 蒙版与遮罩有什么联系和区别？

5. 简述添加特效与设置特效的操作。

6. AE中的灯光类型有哪些？

7. 对摄像机进行推、拉、摇、移的对应操作是什么？

8. 如何添加和链接表达式？

9. 制作"岩洞探秘"动态效果（配套资源：素材\第2章\岩洞.jpg）。

提示：

（1）导入素材，为素材应用3D图层效果，复制出5个素材图层，通过旋转和添加"CC Repetile"效果建立岩洞隧道场景。其中"CC Repetile"效果为平铺效果，可以快速延伸平铺图层。

（2）创建文本图层，输入文本"岩洞探秘"，将文本调整到合适位置。

（3）创建灯光图层，灯光类型为点光源，调整灯光的颜色、强度、衰减等属性，使洞内亮度明显高于洞外。

（4）创建摄像机图层，通过为摄像机的位置和方向添加关键帧实现动态效果，如图2-111所示。按空格键预览动效，确认无误后将其渲染输出，并将该文件保存为文件夹（配套资源：效果\第2章\"岩洞探秘文件夹"文件夹、岩洞探秘.avi）。

图2-111 岩洞探秘动效

动效预览

岩洞探秘动效

Chapter

3

第3章
UI动态图标设计

3.1 制作"晴"动态图标
3.2 制作"多云"动态图标
3.3 制作"阴"动态图标
3.4 制作"雨"动态图标
3.5 制作"雪"动态图标
3.6 制作"雷雨"动态图标

<table>
<tr><td colspan="4" style="text-align:center">学习引导</td></tr>
<tr><td></td><td>知识目标</td><td>能力目标</td><td>素质目标</td></tr>
<tr><td>学习目标</td><td>1. 了解动态图形的类型
2. 掌握动态图形的设计理念
3. 掌握动态图形的制作要点</td><td>1. 制作天气动态图标
2. 通过对效果参数及关键帧速度的把控，制作出节奏感较强的动态效果</td><td>1. 提高对动态图标的审美水平
2. 锻炼举一反三的实操能力</td></tr>
<tr><td>实训项目</td><td colspan="3">制作常用功能按钮动态图标</td></tr>
</table>

慕课视频

【项目策划】制作天气动态图标

UI动态图标设计

图标是一种图形，在用户界面（User Interface，UI）设计中，图标是一种有效的设计语言，而动态图标则可以使用户精准接收图标想要表达的信息。某企业准备开发一款移动端的天气预报应用程序，现需要制作出一套独特的天气动态图标，要求这套图标不仅能够准确表达对应的天气情况，还要具备生动的动态效果，从而有效展示天气情况。

【相关知识】

设计与制作动态图标，是UI设计乃至交互设计都需要完成的一项工作。要设计出优秀的动态图标，需要先了解动态图标的相关知识。

1. 动态图标的类型

动态图标根据作用的不同，可分为不同的类型。以移动端App为例，其中常见的动态图标主要有标题栏图标、标签栏图标、导航栏图标、类别栏图标，以及各种内容性图标等。

- 标题栏图标。标题栏图标位于界面上方，多用于对整个界面或App进行控制，如刷新界面、返回界面、搜索内容及个人设置等，如图3-1所示。
- 标签栏图标。当界面内容较多时，一般会设置标签栏图标，其作用主要是整理界面内容，图3-2所示的"关注""晒一晒"等图标就属于标签栏图标。
- 导航栏图标。导航栏图标一般位于界面底部，大部分App都有导航栏图标，其作用是让用户能更好地使用App的各种功能，如图3-3所示。

图3-1 标题栏图标

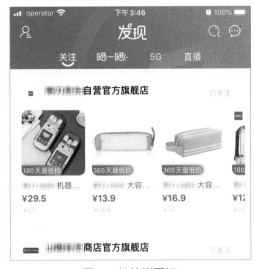

图3-2 标签栏图标

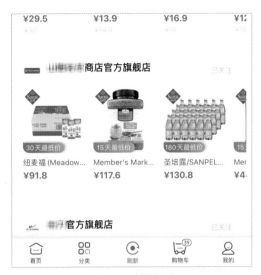

图3-3 导航栏图标

- 类别栏图标。类别栏图标的作用主要是划分类别，是较为常见的一类图标，如图3-4 所示。
- 内容性图标。内容性图标往往不具备操作功能，一般仅起辅助显示内容的作用。如在登录界面中输入账户和密码时显示的人像图标和锁图标，又如天气情况显示图标等，如图 3-5所示。

图3-4 类别栏图标

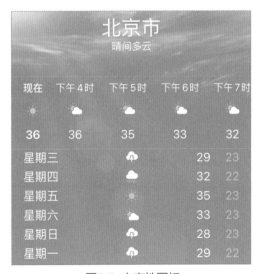

图3-5 内容性图标

2. 动态图标的设计理念

设计动态图标时，应以产品和目标用户为主，不仅要体现出产品特色，还要迎合目标用户的喜好。具体而言，动态图标的设计理念有以下3点。

- 使图标极具个性化。人的大脑对动态信息的接收效率远高于对静态信息的接收效率，因此动态图标频繁出现在各种App界面和网页页面中。动态图标可以体现产品的个性和特点，是产品的一种特殊标识。例如，东京奥运会组委会发布的73个奥运比赛项目的动态图标，就充分体现了该届奥运会倡导的科技内容，这些图标的动态效果简洁有力、妙趣横生，让人们更加期待奥运会的召开，如图3-6所示。

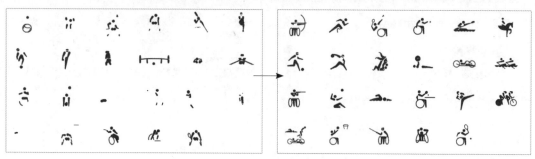

图3-6 东京奥运会的动态图标

● 使用户能产生共鸣。使用动态图标并不是为了"炫技"，而是为了与用户互动并让用户产生共鸣。因此，不能使用户产生共鸣的动态图标，其设计理念都需要重新梳理。图3-7所示为碎纸机图标的动态效果，可以让用户直观地了解该产品的用途。

图3-7 碎纸机图标

● 使动效能表达情感。好的动态图标能够激发用户积极的情绪反应，例如，平滑流畅的滚动动效能给用户带来恰到好处的舒适感；简洁有力的切换动效配合节奏感较强的音效，则能给用户带来兴奋的感觉等。

3. 动态图标的制作要点

要想制作出优秀的UI动态图标，可以从图标的识别性、可视性、一致性、设计感、品牌感等方面入手，充分把握这些设计要点，就能得到符合预期的图标效果。

● 识别性。识别性是指动态图标的表意要清晰准确，识别率要高，不能让用户产生误解。如果设计时过于注重形式，忽略了图标本身想要表达的含义，则会导致图标难以被正确识别。具体来讲，把握识别性需要注意3个要点：首先，图标不能过于抽象，如果无法避免，则须配上文本加以说明，如图3-8所示；其次，图标应选择通用的样式，以提高其辨识度，如图3-9所示；最后，图标可以创新、复杂，但需要合理，否则无法被用户理解，如图3-10所示。

图3-8 抽象的图标

图3-9 通用与不易识别的图标

图3-10 合理与复杂的图标

● 可视性。可视性是指图标需要保持简单、现代、友好的风格，在特定的显示面积和环境下清晰可辨。图标的制作需要强调可视性，这一点特别容易在细节上体现出来，通过一个微小的图形，就能传达清楚图标的意图。例如，提醒用户握紧的图标，通过两只手的细节处理就能体现出握紧的感觉，如图3-11所示。

- 一致性。一致性是指图标需要具备统一的设计语言和风格，保持一致的细节处理效果。制作一组图标时，不仅应该统一图标尺寸，还应该统一图标的点、线、面和颜色等设计语言，如线条的粗细、圆角半径的大小等，如图3-12所示。

图3-11 可视性不同的图标对比　　　　图3-12 一致性不同的图标对比

- 设计感。设计感是指图标造型、比例较为讲究，图标内容有对比性，动效有节奏感等。要使图标内容有对比性，可以将图标设计得更有层次感、立体感，也可以通过直角、圆角的组合使用来强化对比效果，还可以通过不同颜色的使用来加强对比效果等，如图3-13所示。

- 品牌感。品牌感是指将品牌基因融入图标中，从而强化品牌效应，加深品牌在用户心中的印象。例如，将品牌Logo、品牌颜色、品牌风格等应用到图标上，如图3-14所示。

图3-13 具有设计感的图标　　　　图3-14 具有品牌感的图标

【项目制作】

　　天气动态图标的主要作用是准确体现App预测的天气情况，让用户可以更加直观地感知天气情况。本项目制作的这套天气动态图标侧重于展现动态效果，因此不会重点说明设计理念和思路，最终效果如图3-15所示。

动效预览

天气动态图标

图3-15 天气动态图标最终效果

📷 3.1 制作"晴"动态图标

"晴"动态图标的制作非常简单，只需设置旋转属性。本例将先使用AE制作并导出动态图标，然后结合Photoshop将制作的文件输出为GIF动画，以便最终实现图标在移动端或PC端的商业应用。

3.1.1 制作并导出"晴"动态图标

慕课视频

下面启动AE并制作"晴"动态图标，具体操作如下。

（1）启动AE，选择【文件】→【项目设置】命令，打开"项目设置"
对话框，单击"时间显示样式"选项卡，选择"帧数"单选项，单击

制作并导出"晴"动态图标

【 确定 】按钮，如图3-16所示。

（2）按【Ctrl+N】组合键新建合成，在"合成设置"对话框中设置高度为"1024px"，宽度为"1024px"，帧速率为"15帧/秒"，持续时间为15帧，背景颜色为"白色"，单击【 确定 】按钮，如图3-17所示。

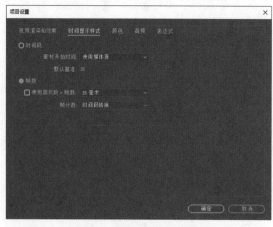

图3-16 更改时间显示样式

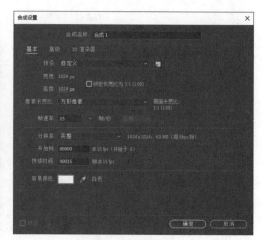

图3-17 新建合成

80

（3）将"太阳.png"（配套资源：素材\第3章\太阳.png）素材导入AE中，然后将导入的素材拖曳到合成中，按【Ctrl+Shift+Alt+H】组合键，参照场景宽度快速调整素材大小，如图3-18所示。

（4）完成场景内容的布置后，按【Ctrl+S】组合键将项目文件以"天气.aep"为文件名进行保存，单击 保存(S) 按钮，如图3-19所示。

图3-18 快速适合场景宽度

图3-19 保存项目文件

（5）选择"太阳.png"图层，按【R】键调出旋转属性，在第0帧插入关键帧，在最后一帧设置旋转为1圈，并插入关键帧，如图3-20所示。

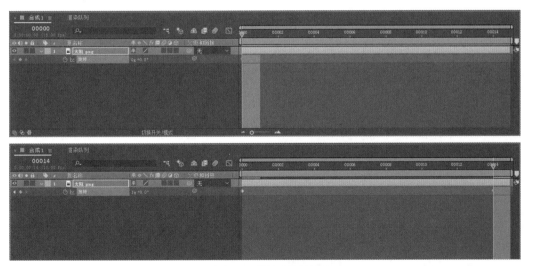

图3-20 插入关键帧

经验之谈

AE中第0帧也算一帧，因此"时间轴"面板上显示的是第0~14帧的内容，与当前合成所设置的15帧/秒的帧速率是符合的。

（6）按【Ctrl+K】组合键将合成名称修改为"晴"，按【Ctrl+N】组合键新建合成，名称为"晴OK"，尺寸为"95px×95px"（将合成大小调整为图标大小），其余设置默认不变，单击 确定 按钮，如图3-21所示。

（7）将"晴"合成拖曳到"晴OK"合成中，按【Ctrl+Shift+Alt+H】组合键快速调整合成的大小，如图3-22所示。

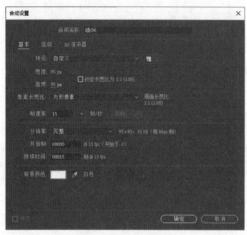

图3-21 新建合成

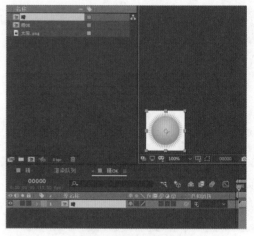

图3-22 嵌入合成

（8）按【Ctrl+M】组合键将"晴OK"合成添加到渲染队列，单击"输出模块"栏右侧的对象，在打开的对话框中将格式设置为"'Targa'序列"，单击 确定 按钮，如图3-23所示。

（9）单击"输出到"栏右侧的对象，在打开的对话框中选择文件的保存位置，使用默认文件名（若要更改文件名，仅调整下划线前面的内容即可），单击 保存(S) 按钮，如图3-24所示。

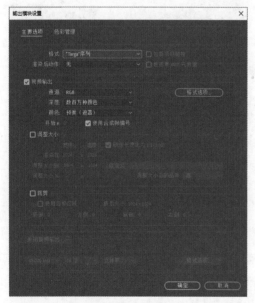

图3-23 设置导出格式

图3-24 设置保存位置

3.1.2 利用Photoshop输出为GIF动画

慕课视频

对于用AE导出的TGA序列文件，可以在Photoshop中将其输出为GIF动画，具体操作如下。

（1）启动Photoshop，选择【文件】→【脚本】→【将文件导入堆栈】命令，打开"载入图层"对话框，在"使用"下拉列表框中选择"文件夹"选项，单击 浏览(B)... 按钮，在打开的对话框中选择用AE导出的TGA序列文件所在的文件夹，单击 确定 按钮，如图3-25所示。

利用Photoshop输出为
GIF动画

（2）选择【窗口】→【时间轴】命令，将"时间轴"面板显示在界面底部，单击该面板右上角的下拉按钮，在弹出的下拉列表中选择"从图层建立帧"命令。单击面板左侧的"播放"按钮▶查看动画效果；若发现动画效果反向了，则可单击"时间轴"面板右上角的下拉按钮，在弹出的下拉列表中选择"反向帧"命令，如图3-26所示。

图3-25 选择载入图层的对象

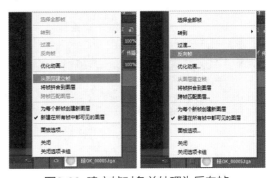

图3-26 建立帧对象并处理为反向帧

（3）选择【文件】→【存储为Web所用格式】命令，在打开的对话框的"预设"下拉列表框中选择一种GIF格式，在下方的"循环选项"下拉列表框中选择"永远"选项，单击 存储... 按钮，如图3-27所示。在打开的对话框中设置GIF文件的保存位置和名称，单击 完成 按钮即可保存。

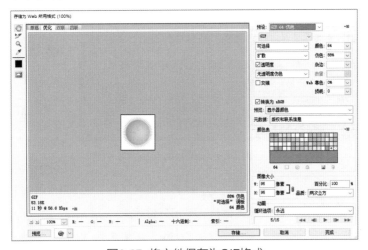

图3-27 将文件保存为GIF格式

📷 3.2 制作"多云"动态图标

慕课视频

制作"多云"动态图标

"多云"动态图标将结合已有的"晴"动态图标制作，并配合云层素材的位置属性来实现乌云遮日的动画效果，具体操作如下。

（1）在"天气.aep"项目文件中按【Ctrl+N】组合键新建合成，在"合成设置"对话框中设置合成名称为"多云"，高度为"1024px"，宽度为"1024px"，其余设置保持默认。

（2）导入"云层2.png"和"云层3.png"素材（配套资源：素材\第3章\云层2.png、云层3.png），将这两个素材和"晴"合成拖曳到"多云"合成中，并调整各图层的位置及它们在场景中的大小，如图3-28所示。

图3-28 添加素材并调整图层位置

（3）选择"云层3.png"图层，按【P】键调出位置属性，在第0帧插入关键帧，在最后一帧适当水平向左拖曳此图层，并插入关键帧，如图3-29所示。

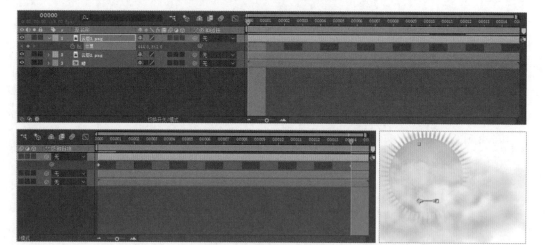

图3-29 设置云层左移动效

（4）选择"云层2.png"图层，按【P】键调出位置属性，在第0帧插入关键帧，在最后一帧适当水平向右拖曳此图层，并插入关键帧，如图3-30所示。

（5）新建"多云OK"合成，更改高度为"95px"，宽度为"95px"，将"云层"合成拖曳到"多云OK"合成中，按【Ctrl+Shift+Alt+H】组合键快速调整合成大小，如图3-31所示。

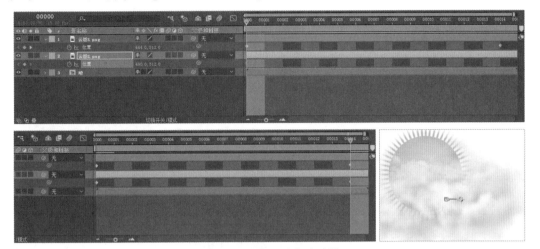

图3-30 设置云层右移动效

图3-31 新建合成

（6）将最终的合成添加到渲染队列，设置格式为TGA序列，并设置文件的保存位置和保存名称，然后渲染输出。最后在Photoshop中将输出的TGA序列文件输出为GIF动画文件，具体内容可参考"晴"动态图标的制作，这里不再赘述。

📷 3.3 制作"阴"动态图标

"阴"动态图标将使用AE中的预合成、调整图层等功能，制作出阴云密布的动态效果，具体操作如下。

慕课视频

制作"阴"动态图标

（1）在"天气.aep"项目文件中按【Ctrl+N】组合键新建合成，在"合成设置"对话框中设置合成名称为"阴"，高度为"1024px"，宽度为"1024px"，其余设置保持默认。

（2）导入"云层1.png"素材（配套资源：素材\第3章\云层1.png），然后将"云层1.png""云层2.png""云层3.png"素材拖曳到"阴"合成中，按【Ctrl+Shift+Alt+H】组合键使图层大小适合场景。

（3）选择"云层2.png"和"云层3.png"图层，选择【图层】→【预合成】命令或直接按【Ctrl+Shift+C】组合键，打开"预合成"对话框，将名称设置为"雨云"，单击 确定 按钮，如图3-32所示。

（4）双击"雨云"合成，在其中调整"云层2.png"和"云层3.png"图层的大小和位置（"云层2.png"图层在"云层3.png"图层左侧）。为"云层2.png"图层在第0帧和最后一帧处插入位置关键帧，在第7帧处稍微向右拖曳图层，插入关键帧。为"云层3.png"图层在第0帧和最后一帧处插入位置关键帧，在第7帧处稍微向左拖曳图层，插入关键帧，如图3-33所示。

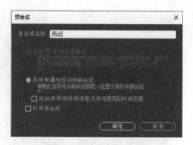

图3-32 新建预合成

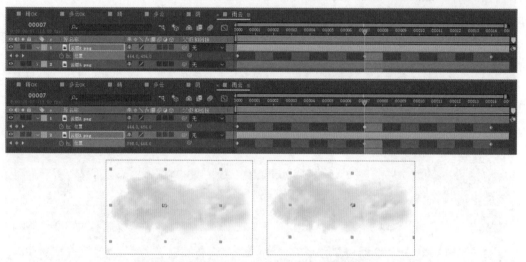

图3-33 调整图层大小和位置并插入位置关键帧

（5）切换到"阴"合成，将"云层1.png"图层放置在"雨云"预合成的中间，在第0帧和最后一帧处插入位置关键帧，在第7帧处稍微向上拖曳图层，插入关键帧，如图3-34所示。

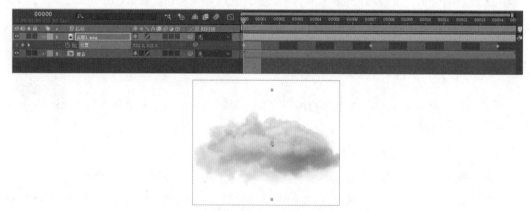

图3-34 调整图层大小并插入位置关键帧

（6）新建调整图层，为其应用"亮度和对比度"效果，在第0帧处设置亮度为"−50"，并插入关键帧，将该关键帧复制到最后一帧；然后在第7帧处设置亮度为"−30"，并插入关键帧，如图3-35所示。

图3-35 添加调整图层并插入亮度关键帧

（7）新建"阴OK"合成，更改高度为"95px"，宽度为"95px"，将"阴"合成拖曳到"阴OK"合成中，按【Ctrl+Shift+Alt+H】组合键快速调整合成大小，然后将其输出为TGA序列文件，并在Photoshop中将TGA序列文件输出为GIF动画。

3.4 制作"雨"动态图标

慕课视频

"雨"动态图标是在"阴"动态图标的基础上利用AE自带的模拟效果制作出下雨的动效，通过调整效果参数，便能制作出小雨、中雨、大雨、暴雨等各种雨天动态图标，这里以"雨"动态图标为例进行介绍，具体操作如下。

制作"雨"动态图标

（1）在"天气.aep"项目文件中按【Ctrl+N】组合键新建合成，在"合成设置"对话框中设置合成名称为"雨"，高度为"1024px"，宽度为"1024px"，其余设置保持默认。

（2）将"阴"合成拖曳到"雨"合成中，将云层素材适当向上调整，然后增加"阴"合成的高度，目的是让下雨效果能够覆盖场景下方的白色区域。

（3）新建调整图层，设置其名称为"雨水"，为该图层添加"CC Rainfall"效果，并利用钢笔工具![钢笔]绘制蒙版区域，如图3-36所示。

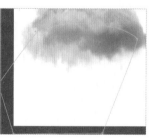

图3-36 新建调整图层并为其添加"CC Rainfall"效果

（4）在"效果控件"面板中设置"CC Rainfall"效果的参数，包括Drops（雨量）、Size

（尺寸）、Speed（速度）和Wind（风力）等，具体参数如图3-37所示。

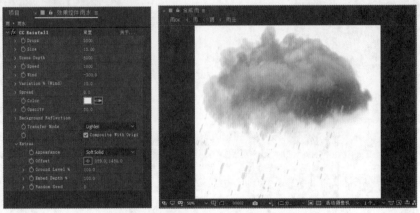

图3-37 设置"CC Rainfall"效果的参数

（5）新建"雨OK"合成，更改高度为"95px"，宽度为"95px"，将"雨"合成拖曳到"雨OK"合成中，按【Ctrl+Shift+Alt+H】组合键快速调整合成大小，然后将其输出为TGA序列文件，并在Photoshop中将TGA序列文件输出为GIF动画。

📷 3.5 制作"雪"动态图标

慕课视频

制作"雪"动态图标

按照"雨"动态图标的制作方法，可以轻松制作出"雪"动态图标，具体操作如下。

（1）在"天气.aep"项目文件中按【Ctrlv+N】组合键新建合成，在"合成设置"对话框中设置合成名称为"雪"，高度为"1024px"，宽度为"1024px"，其余设置保持默认。

（2）将"雨云"合成拖曳到"雪"合成中，将该合成的位置适当向上调整，然后调整其大小，目的是让下雪的效果能够覆盖场景下半部分的白色区域。

（3）新建调整图层，设置图层名称为"雪花"，为该图层添加"CC Snowfall"效果，并利用矩形工具■绘制蒙版区域，设置蒙版羽化参数为"62.0"，如图3-38所示。

图3-38 新建调整图层并添加"CC Snowfall"效果

（4）在"效果控件"面板中设置"CC Snowfall"效果的参数，包括Flakes（雪花数量）、Size（尺寸）、Scene Depth（景深）、Speed（速度）、Wind（风力）和Color（颜色）等，具体参数如图3-39所示。

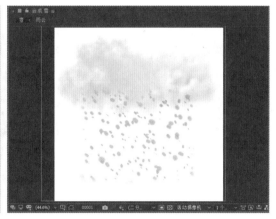

图3-39 设置"CC Snowfall"效果的参数

（5）新建"雪OK"合成，更改高度为"95px"，宽度为"95px"，将"雪"合成拖曳到"雪OK"合成中，按【Ctrl+Shift+Alt+H】组合键快速调整合成大小，然后将其输出为TGA序列文件，并在Photoshop中将TGA序列文件输出为GIF动画。

3.6 制作"雷雨"动态图标

"雷雨"动态图标可以直接在"雨"动态图标的基础上，利用纯色图层添加"高级闪电"效果来实现，具体操作如下。

慕课视频

制作"雷雨"动态图标

（1）在"天气.aep"项目文件中按【Ctrl+N】组合键新建合成，在"合成设置"对话框中设置合成名称为"雷雨"，高度为"1024px"，宽度为"1024px"，其余设置保持默认。

（2）将"雨"合成拖曳到"雷雨"合成中，新建纯色图层，设置图层名称为"闪电"，为该图层添加"高级闪电"效果，并在"效果控件"面板中设置其参数，包括闪电类型、源点、方向、核心设置和发光设置等，具体参数如图3-40所示。

图3-40 设置"高级闪电"效果的参数

（3）在第0帧处插入"高级闪电"的方向关键帧，将该关键帧复制到最后一帧。然后在第7

帧处将方向稍微向右调整，并插入关键帧，如图3-41所示。

图3-41 插入方向关键帧

（4）新建"雷雨OK"合成，更改高度为"95px"，宽度为"95px"，将"雷雨"合成拖曳到"雷雨OK"合成中，按【Ctrl+Shift+Alt+H】组合键快速调整合成大小，然后将其输出为TGA序列文件，并在Photoshop中将TGA序列文件输出为GIF动画，同时在AE中将所有文件保存为文件夹（配套资源：效果\第3章\"天气文件夹"文件夹、"GIF动画效果"文件夹）。

项目实训——制作常用功能按钮动态图标

⊕ 项目要求

本项目将利用提供的Photoshop图层对象，制作出简洁有力、节奏感较强的常用功能按钮动态图标。通过制作本项目，读者可以理解动效节奏的含义，并具备基本的节奏控制能力。

⊕ 项目目的

本次制作的常用功能按钮动态图标效果如图3-42所示（配套资源：效果\第3章\"功能按钮文件夹"文件夹、"GIF动画效果"文件夹），该组功能按钮图标是极简风格的二维图形，这与AE的扁平化动态效果制作特点正好契合。虽然AE具备制作二维图形的功能，但一般不建议在AE中制作二维图形，可尽量利用Illustrator和Photoshop等软件制作二维图形后，再将其导入AE中进行合成与添加动效。为实现强有力的节奏动效，本项目将采用逐帧修改参数的方式制作常用功能按钮动态图标，读者可通过本项目掌握这种方法的设计思路与技巧。

动效预览

功能按钮动态图标

图3-42 常用功能按钮图标的效果展示

⊛ 项目分析

　　扁平化设计就是去掉冗余的纹理、渐变等效果元素，让"信息"本身作为核心被突显出来，并且在设计风格上强调抽象、极简、符号化，如图3-43所示。在此基础上，动效设计也应该遵循这种思路，尽可能利用现有元素的特性，通过简洁有力的动态效果传达出图标的核心作用。因此，制作本项目时需要注意以下两点。

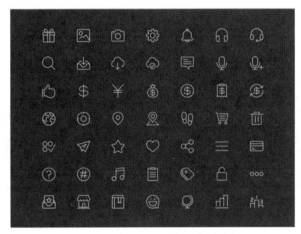

图3-43　扁平化设计的图标案例

- ● 动效简单。由于图标本身就遵从简洁的扁平化设计风格，如果为其添加过多动效，就会违背设计的最初立意。因此，本项目中图标动效的呈现应该简单清晰。
- ● 节奏有力。简单的动效可能会呈现出较为单薄的视觉效果，为避免这种情况发生，制作本项目时应注意把控动效节奏，将简单的动效变得富有节奏感。

⊛ 项目思路

　　（1）导入PSD素材。将提供的PSD素材分层导入AE，然后创建合成，并将导入的素材添加到合成中。

　　（2）创建动效。确定素材想要传达的信息，抓住核心内容，为其创建动态效果。

　　（3）调整动效。为使动效更加自然，可通过图表编辑器等工具调整关键帧的速度。

　　（4）渲染输出。将动效渲染输出为TGA序列文件。

　　（5）输出GIF动画。在Photoshop中将TGA序列文件导出为GIF动画。

　　（6）制作其他动态图标。重复第（1）～（5）步操作制作其他动态图标，并将文件保存为文件夹。

⊛ 项目实施

1. 制作"设置"按钮动态图标

　　"设置"按钮的外观类似齿轮，因此旋转动效是其较为适合的表达方式，具体操作如下。

慕课视频

制作"设置"按钮
动态图标

（1）启动AE，按【Ctrl+N】组合键新建合成，在"合成设置"对话框中设置合成名称为"设置"，高度为"1024px"，宽度为"1024px"，帧速率为"15帧/秒"，持续时间为15帧，背景颜色为"236F9B"。

（2）以"素材"方式导入"设置按钮.psd"素材文件（配套资源：素材\第3章\设置按钮.psd），通过"选择图层"的方式分别导入"轴承"图层和"齿轮"图层，如图3-44所示。

（3）将图层添加到合成中，调整图层的排列顺序。选择"齿轮"图层，在第0帧插入旋转关键帧，在第14帧旋转2圈并插入关键帧，如图3-45所示。

图3-44 分层导入素材

图3-45 插入关键帧

（4）新建"设置图标"合成，更改高度为"95px"，宽度为"95px"，然后将"设置"合成添加到"设置图标"合成中，按【Ctrl+Shift+Alt+H】组合键快速调整合成大小。

（5）按【Ctrl+M】组合键将"设置图标"合成添加到渲染队列，单击"输出模块"栏右侧的对象，在打开的对话框中将格式设置为"'Targa'序列"，单击"输出到"栏右侧的对象，在打开的对话框中调整文件保存位置，使用默认文件名。

（6）启动Photoshop，选择【文件】→【脚本】→【将文件导入堆栈】命令，打开"载入图层"对话框，选择AE导出的TGA序列文件所在的文件夹。

（7）选择【窗口】→【时间轴】命令，在界面底部显示"时间轴"面板，单击该面板右上角的下拉按钮，在弹出的下拉列表中选择"从图层建立帧"命令；再次单击"时间轴"面板右上角的下拉按钮，在弹出的下拉列表中选择"反向帧"命令。

（8）选择【文件】→【存储为Web所用格式】命令，在打开的对话框的"预设"下拉列表框中选择一种GIF格式，在下方的"循环选项"下拉列表框中选择"永远"选项，单击 存储 按钮，在打开的对话框中设置GIF文件的保存位置和名称，单击 完成 按钮导出GIF动画。

2. 制作"下载"按钮动态图标

"下载"按钮动态图标的动效重点应放在箭头元素上，通过其从上到下的位置动效，体现出下载的效果，具体操作如下。

（1）新建"下载"合成，在"合成设置"对话框中设置高度为"1024px"，宽度为"1024px"，以"素材"方式导入"下载按钮.psd"素材文件（配套资源：素材\第3章\下载按钮.psd），以"选择图层"的方式导入"箭头"图层和"云层"图层。

（2）将图层添加到合成中，调整图层的排列顺序，为"箭头"图层添加逐帧的位置动效，

慕课视频

制作"下载"按钮
动态图标

即为第0帧至第14帧均插入位置关键帧，并为所有关键帧应用缓动效果（按【F9】键），如图3-46所示。位置的具体节奏为：第0帧在y轴方向减小80，第1帧回到512，第2帧在y轴方向减小40，第3帧回到512，第4帧在y轴方向减小20，第5帧回到512，以此类推，类似于振幅逐渐减半的效果，如图3-47所示。

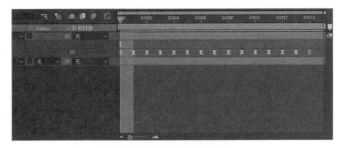

图3-46 插入位置关键帧

图3-47 位置节奏的振幅示意图

（3）新建"下载图标"合成，更改高度为"95px"，宽度为"95px"，然后将"下载"合成拖曳到"下载图标"合成中，按【Ctrl+Shift+Alt+H】组合键快速调整合成大小。

（4）将合成输出为TGA序列文件，并在Photoshop中选择【文件】→【脚本】→【将文件导入堆栈】命令导入该序列文件。

（5）在"时间轴"面板中利用"从图层建立帧"命令和"反向帧"命令设置动画内容。

（6）选择【文件】→【存储为Web所用格式】命令，将文件导出为GIF动画。

3. 制作"锁屏"按钮动态图标

"锁屏"按钮动态图标的动效重点应放在锁心元素上，通过其左右移动的旋转动效，体现出锁定的效果，具体操作如下。

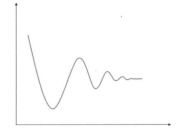

慕课视频

制作"锁屏"按钮
动态图标

（1）新建"锁屏"合成，在"合成设置"对话框中设置高度为"1024px"，宽度为"1024px"，以"素材"方式导入"锁屏按钮.psd"素材文件（配套资源：素材\第3章\锁屏按钮.psd），通过"选择图层"的方式分别导入"锁把"图层、"锁身"图层和"锁芯"图层。

（2）将图层添加到合成中，调整图层的排列顺序，为"锁芯"图层添加逐帧的旋转动效，注意需要先将锚点调整到锁芯元素中圆形的中央位置。然后为第0帧至第14帧逐帧插入旋转关键帧，并为所有关键帧应用缓动效果。旋转的具体节奏为：第0帧旋转25°，第1帧旋转–25°，第2帧旋转12.5°，第3帧旋转–12.5°，第4帧旋转6.25°，第5帧旋转–6.25°，以此类推，最后一帧旋转0°，还原为初始效果，如图3-48所示。

图3-48 插入旋转关键帧

（3）新建"锁屏图标"合成，更改高度为"95px"，宽度为"95px"，然后将"锁屏"合成拖曳到该合成中，按【Ctrl+Shift+Alt+H】组合键快速调整合成大小。

（4）将合成输出为TGA序列文件，并在Photoshop中选择【文件】→【脚本】→【将文件导入堆栈】命令导入该序列文件。

（5）在"时间轴"面板中利用"从图层建立帧"命令和"反向帧"命令设置动画内容。

（6）选择【文件】→【存储为Web所用格式】命令，将文件输出为GIF动画。

4. 制作"删除"按钮动态图标

慕课视频

制作"删除"按钮
动态图标

"删除"按钮动态图标的动效重点应放在桶盖元素上，通过关闭桶盖的动效体现出删除的效果，具体操作如下。

（1）新建"删除"合成，在"合成设置"对话框中设置高度为"1024px"，宽度为"1024px"，以"素材"方式导入"删除按钮.psd"素材文件（配套资源：素材\第3章\删除按钮.psd），通过"选择图层"的方式分别导入"桶盖"图层和"桶身"图层。

（2）将图层添加到合成中，为"桶盖"图层添加逐帧的旋转动效，注意需要先将锚点调整到桶盖元素的右侧。然后为第0帧至第14帧逐帧插入旋转关键帧，并为所有关键帧应用缓动效果。具体旋转节奏为：第0帧旋转10°，第1帧旋转0°，第2帧旋转5°，第3帧旋转0°，第4帧旋转2.5°，第5帧旋转0°，以此类推，最后一帧旋转0°，还原为初始效果，如图3-49所示。

图3-49 插入旋转关键帧

（3）新建"删除图标"合成，更改高度为"95px"，宽度为"95px"，然后将"删除"合成拖曳到"删除图标"合成中，按【Ctrl+Shift+Alt+H】组合键快速调整合成大小。

（4）将合成输出为TGA序列文件，并在Photoshop中选择【文件】→【脚本】→【将文件导入堆栈】命令导入该序列文件。

（5）在"时间轴"面板中利用"从图层建立帧"命令和"反向帧"命令设置动画内容。

（6）选择【文件】→【存储为Web所用格式】命令，将文件输出为GIF动画。

5. 制作"关闭"按钮动态图标

慕课视频

制作"关闭"按钮
动态图标

"关闭"按钮动态图标的动效为矩形先向下位移，然后圆环开始旋转，因此需要分别设置两个元素的动效，具体操作如下。

（1）新建"关闭"合成，在"合成设置"对话框中设置高度为"1024px"，宽度为"1024px"，以"素材"方式导入"关闭按钮.psd"素材文件（配套资源：素材\第3章\关闭按钮.psd），通过"选择图层"的方式分别导入"矩形"

图层和"圆环"图层。

（2）将图层添加到合成中，首先为"矩形"图层添加位置动效，第0帧在y轴方向减小60，第2帧恢复为512，为位置关键帧应用缓动效果。然后为"圆环"图层添加旋转动效，具体旋转节奏为：第3帧旋转10°，第4帧旋转–10°，第5帧旋转5°，第6帧旋转–5°，以此类推，最后一帧旋转0°，还原为初始效果。最后为旋转关键帧应用缓动效果，如图3-50所示。

图3-50 插入位置和旋转关键帧

（3）新建"关闭图标"合成，更改高度为"95px"，宽度为"95px"，然后将"关闭"合成拖曳到"关闭图标"合成中，按【Ctrl+Shift+Alt+H】组合键快速调整合成大小。

（4）将合成输出为TGA序列文件，并在Photoshop中选择【文件】→【脚本】→【将文件导入堆栈】命令导入该序列文件。

（5）在"时间轴"面板中利用"从图层建立帧"命令和"反向帧"命令设置动画内容。

（6）选择【文件】→【存储为Web所用格式】命令，将文件输出为GIF动画。

6. 制作"亮度"按钮动态图标

慕课视频

制作"亮度"按钮
动态图标

"亮度"按钮动态图标的动效为先缩放圆圈，然后出现光芒，需设置的元素较多，具体操作如下。

（1）新建"亮度"合成，在"合成设置"对话框中设置高度为"1024px"，宽度为"1024px"，以"素材"方式导入"亮度按钮.psd"素材文件（配套资源：素材\第3章\亮度按钮.psd），通过"选择图层"的方式分别导入"圆圈"图层和8个光芒图层。

（2）将图层添加到合成中。为"圆圈"图层添加动效：在第0帧设置不透明度为"0%"，在第4帧设置不透明度为"100%"，同时，在第0帧至第4帧设置缩放参数分别为"0.0%""110.0%""95.0%""102.5%""100.0%"。

（3）设置8个光芒图层的缩放动效和不透明度动效。在起始帧设置这两个参数分别为"0.0%""0%"，在第4帧设置这两个参数分别为"100.0%""100%"（注意光芒的缩放需调整锚点位置）。例如，第4帧为"光芒1"图层的起始帧，第7帧则为"光芒1"图层的结束帧。最后为所有关键帧应用缓动效果，如图3-51所示。

（4）新建"亮度图标"合成，更改高度为"95px"，宽度为"95px"，然后将"亮度"合成拖曳到"亮度图标"合成中，按【Ctrl+Shift+Alt+H】组合键快速调整合成大小。

（5）将合成输出为TGA序列文件，并在Photoshop中选择【文件】→【脚本】→【将文件导入堆栈】命令导入该序列文件。

（6）在"时间轴"面板中利用"从图层建立帧"命令和"反向帧"命令设置动画内容。

（7）选择【文件】→【存储为Web所用格式】命令，将文件输出为GIF动画。

（8）选择【文件】→【整理工程(文件)】→【收集文件】命令，将文件保存为文件夹。

图3-51 插入关键帧

 思考与练习

1. 简述动态图标的设计理念。

2. 制作动态图标时需要注意哪些问题？

3. 在制作动效时如何有效地把握动效节奏？

4. 制作"安全图标"动态效果（配套资源：素材\第3章\safe01.psd~safe08.psd）。

提示：

（1）盾牌图标：逐帧设置缩放动效。

（2）下载图标：设置位移动效。

（3）摄像头图标：设置旋转与缩放动效。

（4）交通锥图标：设置位移动效。

（5）卷帘门图标：设置位移动效；注意将"底色"图层复制一层，置于"门"图层上方，然后为"门"图层应用上方"底色"图层的Alpha遮罩。

（6）定位图标：设置缩放动效。

（7）锁图标：逐帧设置位移动效。

（8）路牌图标：逐帧设置旋转动效。

最后将制作的图标尺寸调整为"95px×95px"，并导出为GIF动画，如图3-52所示（配套资源：效果\第3章\"安全图标文件夹"文件夹、"GIF动画效果"文件夹）。

动效预览

"安全图标"动态效果

图3-52 "安全图标"动态效果

Chapter 4

第4章
App交互动效设计

P40 Pro

干锅土豆块

蒜泥凉拌豇豆

4.1 制作播放器交互动效

4.2 合成手机界面交互动效

4.3 制作宣传广告动效

<table>
<tr><td rowspan="2"></td><td colspan="3" align="center">学习引导</td></tr>
<tr><td align="center">知识目标</td><td align="center">能力目标</td><td align="center">素质目标</td></tr>
<tr>
<td align="center">学习目标</td>
<td>1. 了解交互动效的常见类型
2. 理解提升交互动效质量的关键
3. 熟悉交互动效的制作原则
4. 掌握交互动效的常见形式</td>
<td>1. 制作音乐App交互动效
2. 能够进一步掌握在AE中使用蒙版、空图层、摄像机图层等的方法</td>
<td>1. 通过App动效提升用户体验、增添产品气质
2. 理解设计App动效的意义和价值</td>
</tr>
<tr>
<td align="center">实训项目</td>
<td colspan="3">制作点击动作的交互动效</td>
</tr>
</table>

慕课视频

App交互动效设计

【项目策划】**制作音乐App交互动效**

随着动态图形的广泛应用，丰富而细腻的App交互动效成为整个App中的一个越来越重要的组成部分。某互联网公司开发了一款音乐App，现需要为这个音乐App添加交互动效。为保证交互动效的质量，可先尝试最常用的交互操作，通过为这些操作添加交互动效来检验效果，为后续全面添加动效做好准备。

【相关知识】

交互动效可以有效增强产品表现力和提高用户体验，本章从交互动效的类型、质量的关键、制作原则、常见形式等方面，全面介绍交互动效的基本知识，为读者制作出高质量的交互动效打下坚实的理论基础。

1. 交互动效的类型

交互动效较常见的类型包括引导类动效、转场类动效和反馈类动效3种。

- 引导类动效。引导类动效主要用于引导用户进行操作，一般出现在引导界面或入场动效之后，它是交互动效中最常见的类型，如在手机上进行拖曳、点击等操作时，都配有各种引导类动效，使得整个交互动作清晰易懂。
- 转场类动效。转场类动效表达的是交互动作产生后，界面与界面之间的过渡或转换效果。转场类动效具体又可分为离场动效和入场动效，离场动效是界面元素的离开效果，入场动效则是界面元素的进入效果，这些动效对整个App的风格和产品形象起着重要作用。
- 反馈类动效。反馈类动效是指用户在进行交互操作后界面给出的操作反馈或内容反馈，是衔接用户操作与界面跳转的过渡效果。根据响应时间的不同，反馈类动效又可分为实时反馈动效与延迟反馈动效。

2. 提升交互动效质量的关键

制作交互动效时可以着重把握以下4点，以提升App交互动效的质量。

● 可测性。可测性即用户进行交互操作时，可以预测界面中的交互元素，从而判断该元素将要产生的交互动作等。例如，浏览图片时，用户可以预测横向滑动图片能够实现左右切换图片的效果。如果将这种效果设置为点击图片浏览，那么这种交互动效就失去了可测性，就会降低用户体验。

● 连续性。连续性包括交互动效产生过程的流畅程度，以及整个App动效的统一程度。换句话说，连续性是指整个用户体验的连续性，既包括场景内容的连续，又包括各个场景之间的连续。

● 描述性。描述性即交互动效展示出的内容应该是相互连接的一系列事件，如皮球从空中落地后，在接触地面时会由于弹性发生形变。如果忽略掉形变的过程，则这个过程看起来就非常生硬，这就属于描述性过差。

● 关联性。关联性即交互时界面中各元素之间的空间和时间联系，提高关联性可以提升App交互动效的整体效果，也可以提高可测性、连续性和描述性，是设计交互动效时不可忽略的内容。

3. 交互动效的制作原则

为提升交互动效的质量，使其呈现的效果更加自然、流畅和生动，应该掌握以下4点制作原则。

● 预备动作原则。预备动作是动效开始前的一个反向蓄势动作，其原理与跳远时身体会先后仰，射箭时会先拉弓类似。预备动作的幅度要与最终的动效相匹配，例如，位移越大的动效，预备动作的幅度则越大；位移越小的动效，预备动作的幅度则越小或省略，这样才符合用户心里预期的动效结果。

● 缓动原则。缓动动作可以模拟现实物体的运动情况，因为真实物体大都存在加速和减速的运动过程，这是物体运动的基本状态，遵循缓动原则，可以使动效更加真实。对交互动效而言，元素运动的速度变化对用户情绪也有一定程度的影响，例如，加载内容时，进度条呈加速状态要比呈匀速或减速状态让用户的体验更好。

● 跟随动作原则。跟随动作体现了运动的不完全一致性，在交互动效中可以体现为元素的层级与分组关系。一般来说，高优先级的元素先移动，低优先级的元素后移动，这样就在无形中对元素进行了分类，有助于用户更好地理解内容。

● 形变原则。形变主要针对物体材质、速度等属性的变化，形变越大，物体材质的弹性越大或速度越快；形变越小，物体材质的弹性越小或速度越慢。例如，当足球、篮球等具有弹性材质属性的物体弹起时，就应该发生形变。如果为交互动效考虑到了形变原则，其效果就会更加真实自然。

4. 交互动效的常见形式

在交互动效制作原则的基础上，下面归纳一些常见交互动效的表现形式，以供读者在设计和制作交互动效时参考应用。

- 缓入缓出。缓入缓出表现形式以缓动原则为基础，可以增强用户体验，并实现符合用户预期的连续性。以台球为例，用户击球后，被击打的球刚开始会以加速形式不断增加速度，后又会以减速形式不断降低速度直至停止。整个运动过程都不是匀速的，开始时和结束时的速度也不是最快的，这就是典型的缓入缓出表现形式。合适的缓入缓出形式可以让用户感到更加真实，如果缺少缓入缓出效果，则会导致动效非常生硬和虚假，极大地降低用户体验。图4-1所示的4个功能栏目便是从下方通过缓入缓出形式逐次上移至相应位置，整个动效非常顺畅自然。

- 延迟。延迟表现形式的实用性在于它通过自然的方式描述界面元素，让用户预先感知到下一步结果，能够让用户在看清楚元素之前，自然地区分出不同的元素，以便更好地进行浏览与操作。图4-2所示为单击关闭按钮后，周围的功能按钮便通过延迟方式逐次显示出来，说明这一系列按钮属于一个类别，都用于设置照明系统。

- 形变。形变表现形式非常明显，是最容易被识别的交互动效之一。如果形变过程可以描绘出一个完整的故事，则更能提升用户体验。许多产品或品牌的Logo经常利用形变形式来制作动效。图4-3所示的"本"字后面的图形便是通过形变形式从圆形逐渐变为玫瑰花的。

图4-1 缓入缓出动效　　　　　图4-2 延迟动效　　　　　图4-3 形变动效

- 翻转。翻转表现形式通过空间架构的方式来体现元素的产生与消失过程。用户体验的关键在于连续性与方位感，翻转动效可以使扁平的元素产生三维效果，让元素更具真实的深度和形状。图4-4所示为通过火箭元素的翻转动效，生动地提醒用户进行升级操作，让用户可以主动接受升级服务。

- 覆盖。覆盖表现形式可以通过堆叠排序来解决扁平空间缺乏层次的问题，以此增强用户体验。也就是说，覆盖表现形式可以在一个非三维的平面空间里，通过排列元素的上下覆盖关系来体现它们的相对位置。图4-5所示为通过下滑上方的钟表元素，覆盖下方的就餐时间及详细内容。反之，上滑钟表元素，又将显示就餐内容。

- 景深。景深表现形式主要是将背景模糊，使用户在浏览主界面的同时，能够感受到景深效果，如图4-6所示。景深的实现往往都涉及模糊效果和透明覆盖。

图4-4 翻转动效

图4-5 覆盖动效

图4-6 景深动效

- 父子关系。父子关系表现形式可以有效关联界面元素，不仅可以强调整体，还可以丰富动效展现的内容。当界面元素较多时，便可以充分利用时空差异创造出可被感知的父子关系动效。需要注意的是，父子关系动效最好作为即时交互动效出现，才能发挥出最好的作用，即用户执行操作时便产生动效，因为这样用户才能感受到对界面元素的直接掌控。图4-7所示为当左右滑动切换到不同的功能按钮时，背景效果也会根据功能按钮做相应变化，这就是最常见的父子关系动效的应用。

- 遮罩。遮罩表现形式可以使一个界面元素不同的展示方式对应不同的功能，且变化过程具有连续性。换句话说，遮罩动效的特点就是强调连续性，这种连续会无缝地遮住或露出元素区域，能制作出生动且流畅的动效。图4-8所示的专辑元素，便是通过遮罩动效将原来的背景图形变换为圆形专辑图像。

- 值变。值变表现形式是通过数字和文本的变化，用动态连续的方式描述关联关系。值变与形变相比，不仅要体现出连续的动效，还需要向用户表达数字背后的现实含义和沟通介质。值变既可以是即时发生的，也可以是非即时发生的。如果是即时事件，则用户一边进行操作一边改变数值；如果是非即时事件，类似加载或过渡等情景，则值变就是在没有用户参与的情况下发生的。图4-9所示的交互界面中，上方的客户满意度和下方的具体各项满意度对应的数值，都会跟随交互动作发生变化。

图4-7 父子关系动效

图4-8 遮罩动效

图4-9 值变动效

【项目制作】

音乐App的核心功能是播放音乐，其交互动效应聚焦在音乐的选择、切换等与播放相关的操作。本项目制作的交互动效，不仅需要在手机界面上表现出来，还要通过背景海报和宣传语的形式对该款App进行宣传，最终效果如图4-10所示。

动效预览

音乐App交互动效

图4-10 音乐App交互动效参考效果

📷 4.1 制作播放器交互动效

制作播放器交互动效是本项目的核心操作，此过程不仅能巩固AE的常用操作，还能提高制作动效时掌控全局的能力。

4.1.1　制作专辑元素交互动效

慕课视频

在App的交互界面中，会显示7个专辑元素，当用户点击播放按钮后，所有专辑元素会移动到同一个位置。下面开始制作，具体操作如下。

（1）启动AE，新建"播放器"合成，在"合成设置"对话框中设置高度为"1665px"，宽度为"1280px"，帧速率为"25帧/秒"，持续时间为4秒11帧（按【Ctrl+Shift+Alt+K】组合键可在打开的对话框中更改持续时间的显示方式），背景颜色为"黑色"，如图4-11所示。

制作专辑元素交互动效

图4-11　新建合成

（2）新建纯色图层，设置高度为"1280px"，宽度为"1370px"，颜色为"深蓝（17181B）"，单击该图层"父级和链接"栏上方的"开启运动模糊"按钮，开启运动模糊效果，如图4-12所示。

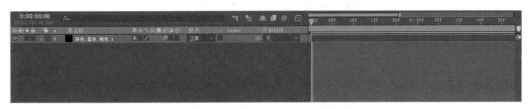

图4-12　新建图层并开启运动模糊效果

> **经验之谈**
>
> 如果设计的图层动效较为剧烈，可为图层开启运动模糊效果。开启后，若想查看运动效果，需要单击"开启运动模糊"按钮，此时所有开启了运动模糊效果的图层才能应用该效果。

（3）以"合成"的方式导入"专辑.psd"素材文件（配套资源：素材\第4章\专辑.psd），将其中的7个专辑图层拖曳到"时间轴"面板中，将它们的尺寸缩小为"35%"。按专辑图层1~7的顺序从下至上排列图层，并开启这些图层的3D图层效果和运动模糊效果。在场景中将7个图层垂直排列，从上至下分别对应专辑图层1~7，相邻图层间稍有重叠，效果如图4-13所示。

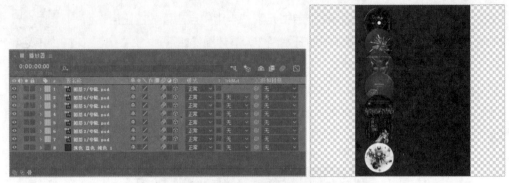

图4-13 导入素材并设置图层

（4）隐藏专辑图层2~专辑图层7，选择专辑图层1，在第1秒02帧处插入位置关键帧和z轴旋转关键帧。然后第在1秒13帧处调整x轴和y轴的位置参数分别为"718.0"和"624.4"，调整z轴旋转参数为"0x+142.0°"，为所有关键帧应用缓动效果，然后适当调整动效路径，使动效路径呈现出一定的弧度，如图4-14所示。

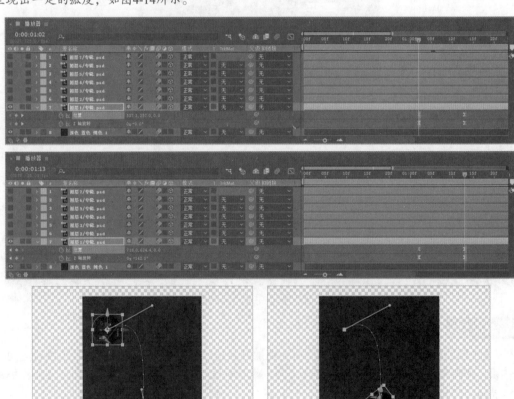

图4-14 插入位置关键帧和z轴旋转关键帧

（5）显示专辑图层2并将其选择，在第1秒03帧（专辑图层1起始关键帧的下一帧）处插入位置关键帧和z轴旋转关键帧。然后在第1秒14帧（专辑图层1结束关键帧的下一帧）处调整x轴和y轴的位置参数分别为"718.0"和"624.4"，将z轴旋转参数调整为"0x+142.0°"，为所有关键帧应用缓动效果，然后适当调整动效路径，使动效路径呈现出一定的弧度，如图4-15所示。

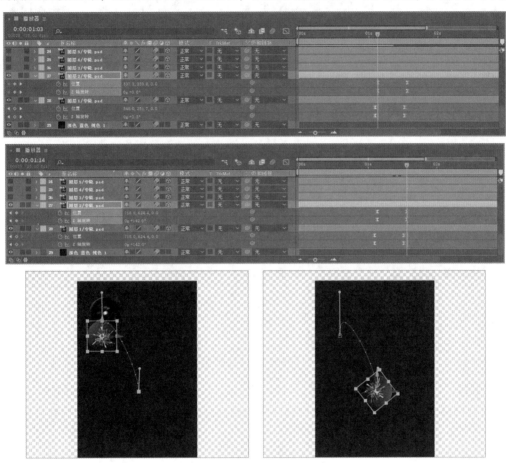

图4-15 为专辑图层2添加位置和旋转动效

（6）使用相同的方法依次为专辑图层3~专辑图层7设置位置和旋转动效，每一个图层的起始关键帧和结束关键帧都比上一个图层晚1帧，且结束关键帧的x轴和y轴的位置参数均为"718.0"和"624.4"，z轴的旋转参数均为"0x+142.0°"。为所有关键帧应用缓动效果，调整动效路径，使动效路径呈现出一定的弧度，最终形成所有专辑图层移动和旋转重合在一起的效果，如图4-16所示。

经验之谈

各元素之间的动态效果，在制作时都需要进行多次调整才能把握好整体节奏。新手在制作时，更需要通过反复拖曳时间指示器来预览动态效果，并细心调整，才能得到想要的动效。久而久之，就能掌握一些制作经验，从而提高制作效率。

图4-16 多个专辑图层的动效示意图

（7）选择专辑图层7，为其添加缩放关键帧，并调整缩放的结束关键帧参数为"62.0%"，起始位置与结束位置的位置关键帧和旋转关键帧相同；在第2秒13帧处单击图层左侧对应的"在当前时间添加或移除关键帧"按钮◇添加位置关键帧，在第2秒24帧处调整x轴的位置参数为"1179.0"；在第3秒03帧处添加z轴旋转关键帧，设置旋转参数为"0x+256.0°"，以保证图层在移出时始终保持旋转状态，最后为插入的所有关键帧设置缓动效果，如图4-17所示。

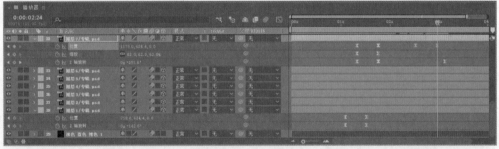

图4-17 为专辑图层7添加缩放和移出的动效

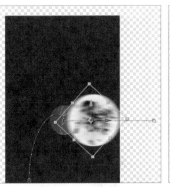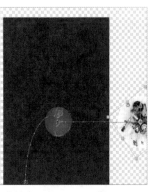

图4-17 为专辑图层7添加缩放和移出的动效（续）

（8）选择专辑图层6，为其添加缩放关键帧，并调整缩放的结束关键帧参数为"62.0%"，起始位置与结束位置的关键帧与专辑图层7移出动效的位置关键帧相同；在第3秒09帧处单击图层左侧对应的"添加关键帧"按钮◇添加位置关键帧，在第3秒19帧处调整x轴的位置参数为"1182.8"；在第3秒23帧处添加z轴旋转关键帧，设置旋转参数为"+256.0°"，最后为插入的所有关键帧设置缓动效果，如图4-18所示。

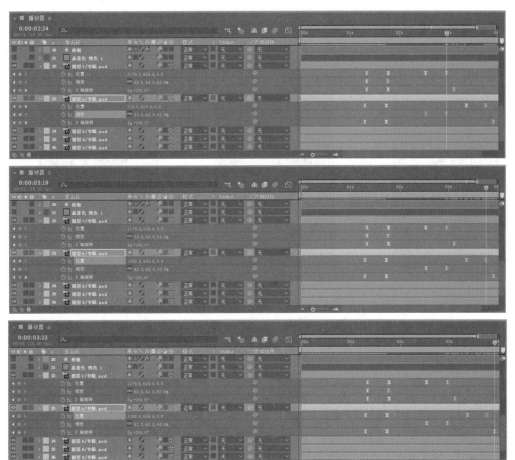

图4-18 为专辑图层6添加缩放和移出动效

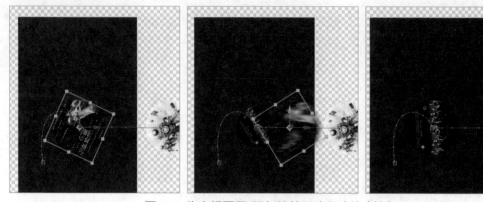

图4-18　为专辑图层6添加缩放和移出动效（续）

（9）选择专辑图层5，为其添加缩放关键帧，并调整缩放的结束关键帧参数为"62.0%"，起始位置与结束位置的关键帧与专辑图层6移出动效的位置关键帧相同，如图4-19所示。

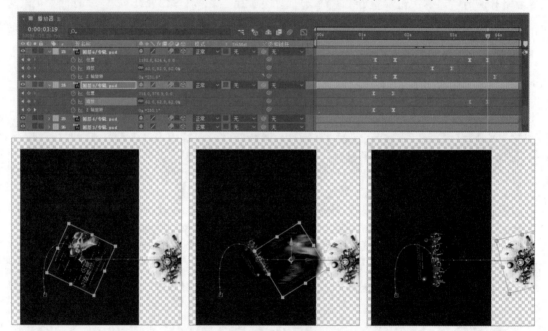

图4-19　为专辑图层5添加缩放动效

4.1.2　制作播放器按钮交互动效

慕课视频

制作播放器按钮
交互动效

用户点击播放按钮后，播放器工具条将隐藏，其中的各个按钮会产生独立的交互效果，例如显示在界面上、调整位置、改变形状等。下面开始制作，具体操作如下。

（1）新建纯色图层，设置高度为"1280px"，宽度为"1280px"，颜色为"品蓝色（107BDE）"，开启该图层的运动模糊效果 （后续所有新建图层均需要开启），设置缩放属性的参数为"45.9,15.0%"，然后将其与深蓝色图层的左、右边缘和下边缘对齐。

（2）利用锚点工具![锚点图标]将纯色图层的锚点拖曳至下边缘中央，然后在第1秒03帧处插入缩放关键帧，在第1秒14帧处调整垂直缩放的参数为"0.0%"，为插入的关键帧设置缓动效果，如图4-20所示。

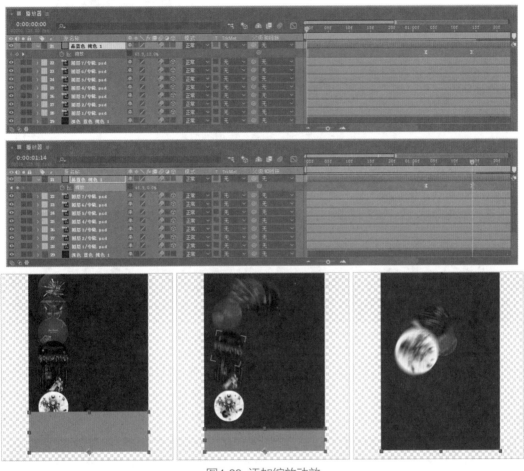

图4-20 添加缩放动效

（3）新建纯色图层，为其应用"时间码"效果，在"效果控件"面板中设置时间源为"自定义"，开始帧为"41"，取消勾选"显示方框"和"在原始图像上合成"复选框，并将该图层拖曳至品蓝色纯色图层上方，如图4-21所示。

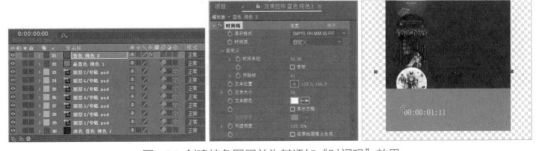

图4-21 创建纯色图层并为其添加"时间码"效果

（4）新建形状图层，绘制一个矩形，将矩形覆盖在时间码的秒数和帧数区域，选择下方添加了"时间码"效果的图层，为该图层应用Alpha遮罩，如图4-22所示。

图4-22 创建形状图层并设置Alpha遮罩

（5）同时选择时间码图层和Alpha遮罩图层，按【Ctrl+Shift+C】组合键创建预合成，然后按【Ctrl+D】组合键复制预合成，如图4-23所示。

图4-23 创建并复制预合成

（6）选择两个预合成图层，在第1秒03帧处将两个预合成的位置参数均调整为"640.0,832.5"，并插入关键帧。在第1秒17帧处分别调整位置参数为"592.0,480.5"和"906.0,480.5"，然后为关键帧设置缓动效果，如图4-24所示。

图4-24 添加位置动效

（7）创建一个圆形图层，将其命名为"播放按钮背景"，设置其颜色为"FE3942"，适当调整其大小，将该形状放置在界面背景和播放栏背景的交界处。创建一个白色的三角形图层，

App交互动效设计

将其命名为"播放按钮"，将"播放按钮"图层拖曳至"播放按钮背景"图层上方，并将"播放按钮背景"图层链接为父级图层，如图4-25所示（为方便观察，可隐藏专辑图层）。

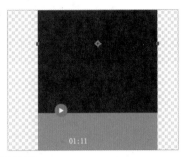

图4-25 创建形状图层并链接父子关系

（8）在第1秒05帧处调整"播放按钮背景"图层的位置参数为"529.0,937.5"，插入关键帧，然后在第1秒16帧处调整位置参数为"718.0,624.5"。为所有关键帧设置缓动效果，并调整运动路径，使动效路径呈现出一定的弧度，如图4-26所示。

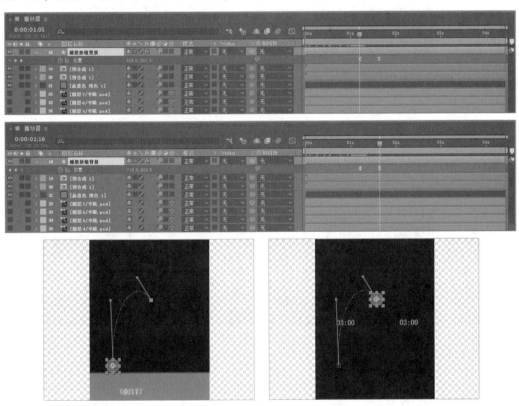

图4-26 添加位置关键帧并调整路径

（9）创建一个朝左的白色三角形形状图层，将其命名为"上一个"，调整其大小后将不透明度设置为"60%"。在第1秒03帧处调整位置参数为"499.5,1053.5"，插入关键帧，然后在第1秒16帧处调整y轴位置参数为"890.5"。为所有关键帧设置缓动效果，如图4-27所示。

111

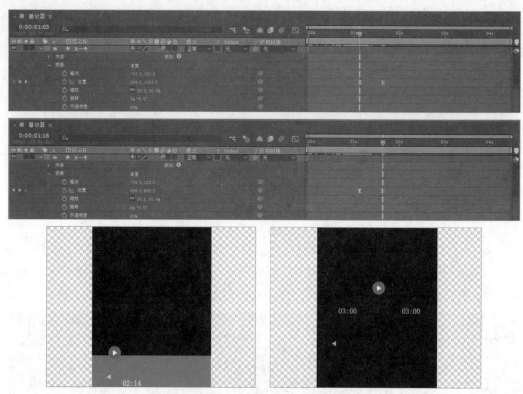

图4-27 创建形状图层并设置位置动效1

（10）使用相同的方法创建一个朝右的白色三角形形状图层，将其命名为"下一个"，调整其大小（与"上一个"图层相同）后设置不透明度参数为"60%"。在第1秒03帧处调整位置参数为"913.5,1053.5"，插入关键帧，然后在第1秒16帧处调整y轴位置参数为"890.5"。为所有关键帧设置缓动效果，如图4-28所示。

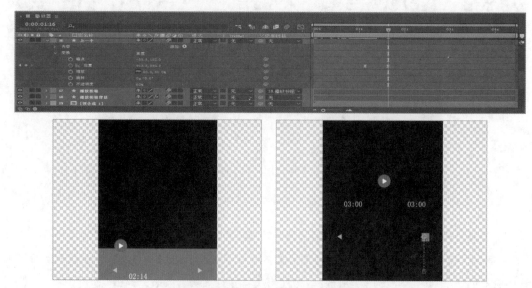

图4-28 创建形状图层并设置位置动效2

（11）创建一个白色的水平直线形状图层，将其命名为"进度条轨迹"，将直线形状放置在两个三角形按钮之间，并设置其不透明度参数为"40%"。在第1秒03帧处为其路径属性插入关键帧，然后在第1秒16帧处调整路径为圆弧形状，如图4-29所示。

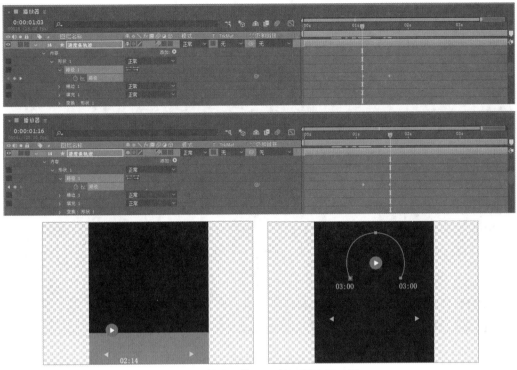

图4-29 创建形状图层并设置路径动效

高手点拨

为了配合后面进度条的线性运动，这里不能为进度条轨迹插入的关键帧设置缓动效果，应保持默认的线性效果。

（12）按【Ctrl+D】组合键复制"进度条轨迹"图层，将其命名为"进度条"，为其添加"发光"效果，在"效果控件"面板适当调整该效果的参数，如图4-30所示。

图4-30 复制图层并为其添加"发光"效果

（13）为配合进度条轨迹的动效，在第1秒03帧处添加路径关键帧，在第1秒16帧处调整路径，使路径与进度条轨迹重合。另外由于进度条轨迹需要产生进度改变效果，以及配合专辑图层的移出效果，还需要在第0秒、第1秒02帧、第2秒15帧、第2秒24帧、第3秒09帧、第3秒17帧处分别添加路径结束关键帧，参数分别为"20.0%""27.0%""38.5%""0.6%""6.2%""0.0%"，如图4-31所示。

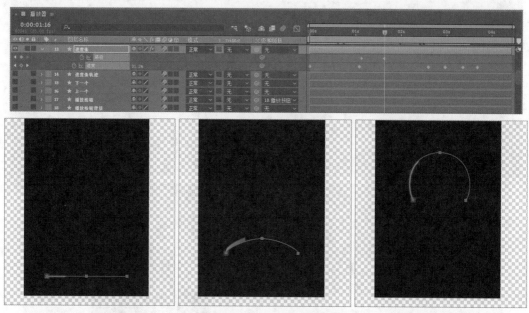

图4-31 添加路径和路径结束动效

（14）新建圆形形状图层，将其命名为"发光点"，缩小圆形至发光点大小，为圆形添加"发光"效果，适当调整该效果的参数。将圆形放置在第0秒处进度条的左端，并插入位置关键帧，在第1秒02帧处拖曳发光点至当前进度条右侧。在第1秒处插入不透明度关键帧，调整不透明度参数为"100%"，在第1秒03帧处调整不透明度参数为"0%"，为不透明度关键帧设置缓动效果，如图4-32所示。

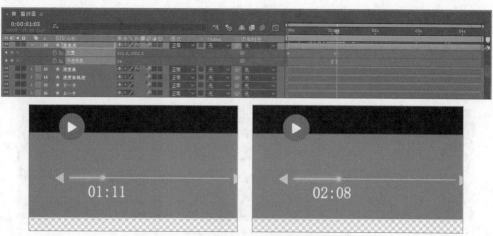

图4-32 新建图形形状图层并添加动效

（15）新建形状图层，将其命名为"点赞"，利用钢笔工具绘制一个心形，调整心形大小，将心形放置在"上一个"图层和"下一个"图层产生动效后的中间位置。在第1秒12帧处插入不透明度关键帧，调整不透明度参数为"0%"，如图4-33所示。在第1秒20帧处调整不透明度参数为"100%"，为关键帧设置缓动效果。

图4-33 新建形状图层并添加动效

4.1.3 制作专辑文本交互动效

当专辑元素和播放器产生交互动效时，为了丰富动效内容，专辑文本也应该产生交互动效（依次向右飞出界面）。下面开始制作，具体操作如下。

（1）依次新建7个文本图层，对应7个专辑图层，输入相应的专辑内容。其中，字体均设置为"华文细黑"；每个文本图层的上一行文本的字号为"45像素"，下一行文本的字号为"30像素"。将所有文本左对齐，并对应相应的专辑图层。

（2）下面为7个文本图层设置位置动效。设置时应注意：首先，各文本图层的起始关键帧和结束关键帧之间相隔10帧；其次，各文本图层中结束关键帧的位置依然要保证文本左对齐，且文本在场景外面；最后，各文本图层应与其对应的专辑图层同时产生动效。为所有文本图层的关键帧设置缓动效果，如图4-34所示。

图4-34 添加文本图层并设置位置动效

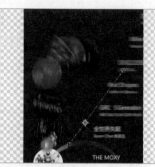

图4-34 添加文本图层并设置位置动效（续）

（3）复制"THE MOXY……"文本图层，将其拖曳至场景外的左上方，删除该图层中原有的位置关键帧。在第1秒08帧处插入位置关键帧，在第1秒19帧处将文本水平拖曳至专辑图层上方，在第2秒13帧处手动插入关键帧，在第2秒24帧处将文本水平拖曳出场景。为添加的关键帧设置缓动效果，如图4-35所示。

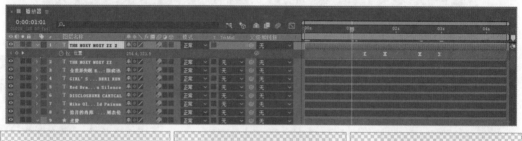

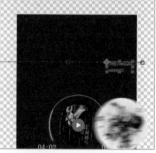

图4-35 复制文本图层并设置位置动效1

（4）复制"全世界失眠……"文本图层，将其拖曳至"THE MOXY……"文本图层处，确保二者水平对齐，删除"全世界失眠……"文本图层中原有的位置关键帧。在第2秒13帧处插入位置关键帧，在第2秒24帧处将其水平拖曳至专辑图层上方，在第3秒09帧处插入关键帧，在第3秒24帧处将其水平拖曳出场景。为添加的关键帧设置缓动效果，如图4-36所示。

高手点拨

复制的文本图层需对应有缩放和位置动效的专辑图层，且文本进场动效应配合专辑图层的放大动效，文本出场动效应配合专辑图层的移出动效。

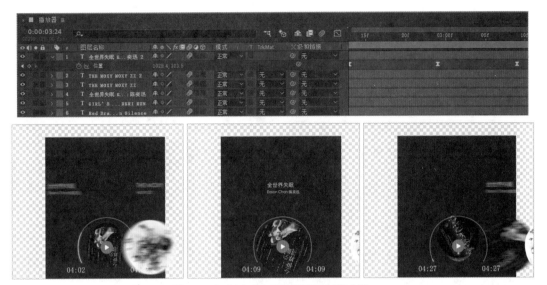

图4-36 复制文本图层并设置位置动效2

（5）复制"GIRL'S Generation……"文本图层，将其拖曳至"THE MOXY……"文本图层处，确保二者水平对齐，删除"GIRL'S Generation……"文本图层中原有的位置关键帧。在第3秒09帧处插入位置关键帧，在第3秒20帧处将其水平拖曳至专辑图层上方。为添加的关键帧设置缓动效果，如图4-37所示。

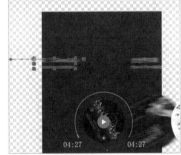 

图4-37 复制文本图层并设置位置动效3

📷 4.2 合成手机界面交互动效

App界面的交互动效制作完成后，为了能够在手机端观看动效，还需要调整合成项目的大小，然后导入手机素材，将最终的交互动效合成到手机素

慕课视频

合成手机界面交互动效

材中，具体操作如下。

（1）新建"播放器蒙版"合成，保留其中的默认参数设置。将"播放器"合成拖曳到新建的合成中，将交互界面拖曳至场景中央。选择"播放器"图层，利用矩形工具█绘制矩形蒙版，蒙版区域为整个交互界面区域，如图4-38所示。

图4-38 新建合成并添加蒙版

（2）新建"手机"合成，在"合成设置"对话框中设置宽度为"396px"，高度为"821px"，持续时间为6秒21帧。在新建合成中导入"手机.png"素材（配套资源：素材\第4章\手机.png），并将"播放器蒙版"合成拖曳到新建合成中，调整缩放属性的参数为"63.0%"，如图4-39所示。

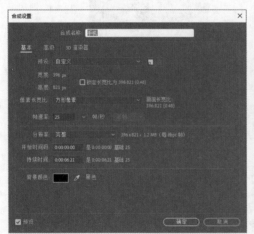

图4-39 新建合成并调整缩放比例

（3）在"时间轴"面板中拖曳"播放器蒙版"的矩形条至最后，与"手机"图层的右端对齐，开启图层的运动模糊效果。在第2秒10帧处添加缩放关键帧，调整缩放参数为"0.0%"，在第2秒15帧处添加缩放关键帧，调整缩放参数为"63.0%"。为添加的关键帧设置缓动效果，然后利用图表编辑器调整关键帧速度，如图4-40所示。

图4-40 添加并设置缩放关键帧

4.3 制作宣传广告动效

下面配合手机中显示的交互动效，制作宣传广告动效。

4.3.1 制作背景和宣传文本动效

下面依次制作出背景及宣传文本的动态效果，具体操作如下。

（1）新建"最终效果"合成，在"合成设置"对话框中设置宽度为"1920px"，高度为"1000px"，其他参数保持默认。在新建的合成中创建"背景"纯色图层，为其添加"梯度渐变"效果，设置起始颜色为"紫色"，结束颜色为"黑色"，渐变形状为"径向渐变"，然后调整渐变起点和终点，如图4-41所示。

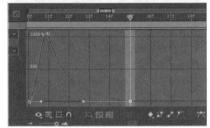
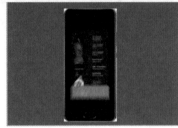

图4-41 新建纯色图层并为其添加"梯度渐变"效果

（2）新建文本图层，输入文本"FOR"，为其开启运动模糊效果。设置字体格式为"方正韵动特黑简体""169像素"，为图层添加"梯度渐变"效果，设置起始颜色为"浅灰色"，结束颜色为"灰色"，渐变形状为"线性渐变"，然后调整渐变起点和终点，如图4-42所示。

图4-42 新建文本图层并设置字体和渐变效果

（3）选择文本图层，在文字左侧绘制矩形蒙版，在第0帧处插入蒙版路径关键帧和不透明度关键帧，设置不透明度参数为"0%"；在第7帧处将矩形蒙版水平拖曳至文字处，并调整不透明度参数为"100%"，如图4-43所示。

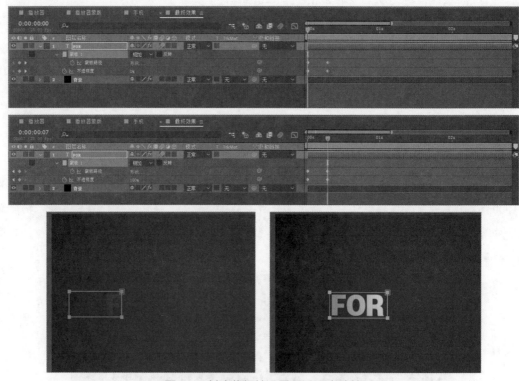

图4-43 创建蒙版并设置不透明度动效

（4）新建文本图层，输入文本"AMAZING MUSIC 4.0"，为其开启运动模糊效果。设置字体格式为"方正韵动特黑简体""119像素"，为图层添加"梯度渐变"效果，设置起始颜色为"深蓝色",结束颜色为"浅蓝色",渐变形状为"线性渐变",然后调整渐变起点和终点,如图4-44所示。

图4-44 新建文本图层并设置字体和渐变效果

（5）为新建的文本图层添加"CC Light Wipe"效果,在第12帧处设置"Completion"为"75.0%",并插入关键帧;然后调整该效果的中心点在图层左端,调整"Intensity"为"30.0","Color"为"浅黄色"。在第2秒01帧处调整"Completion"为"0%"。为插入的关键帧设置缓动效果,如图4-45所示。

图4-45 添加"CC Light Wipe"效果并插入关键帧

（6）新建文本图层,输入文本"The truly belong to your music App",为其开启运动模糊效果。设置字体格式为"方正韵动特黑简体""60像素"。在第2秒01帧处插入不透明度关键帧,调整不透明度参数为"0%",在第2秒09帧处调整不透明度参数为"100%",如图4-46所示。

图4-46 创建文本图层并插入关键帧

4.3.2 利用摄像机和空图层控制手机角度

为了使画面更有三维空间感，下面将借助摄像机图层和空图层来控制手机的动效角度，具体操作如下。

（1）将"手机"合成拖曳到"最终效果"合成中，并为其开启3D图层效果，如图4-47所示。

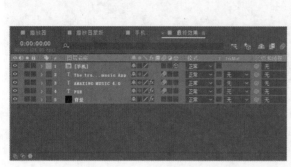

图4-47 添加图层并开启3D图层效果

（2）新建一个焦距为"50mm"的双节点摄像机图层。在第1秒22帧处插入方向关键帧，参数为"337.0°,352.0°,0.0°"，在第2秒13帧处调整x轴的方向参数为"359.0°"，如图4-48所示。

图4-48 创建摄像机图层并插入方向关键帧

（3）新建空图层，为其开启3D图层效果，并将摄像机图层的父级链接为空图层。在第2秒

App交互动效设计

13帧处为空图层插入方向关键帧，设置参数为"11.0°,358.0°,0.0°"，在第3秒07帧处调整参数为"46.0°,349.0°,350.0°"，如图4-49所示。

图4-49 创建空图层并插入方向关键帧

4.3.3 添加图标动效

慕课视频

添加图标动效

下面将在合成中添加图标动效，以进一步丰富音乐App的交互动效，完成后将项目文件渲染输出为AVI格式，具体操作如下。

（1）将"icon1.png"～"icon4.png"素材（配套资源：素材\第4章\icon1.png~icon4.png）导入AE中，并添加到"最终效果"合成中。

（2）按从上至下的顺序排列"icon1.png"～"icon4.png"图标图层，为它们开启运动模糊效果，调整它们的缩放参数均为"68.0%"。在场景中将4个图标图层并排放到文本图层下方，然后为这4个图标图层添加"填充"效果，设置颜色为"灰色"，如图4-50所示。

图4-50 调整图层位置并添加"填充"效果

图4-50 调整图层位置并添加"填充"效果（续）

（3）选择"icon1.png"图层，将其锚点拖曳至左侧，在第2秒10帧处调整水平缩放参数为"0.0%"，插入关键帧，在第2秒23帧处重新调整"icon1.png"图层的水平缩放参数为"68.0%"，为插入的关键帧设置缓动效果，如图4-51所示。

图4-51 调整锚点并插入缩放关键帧

（4）使用相同的方法设置其他图标图层的锚点和缩放关键帧。其中，"icon2.png"图层在第2秒23帧处的水平缩放参数为"0.0%"，在第3秒11帧处恢复为"68.0%"；"icon3.png"图层在第3秒11帧处的水平缩放参数为"0.0%"，在第3秒24帧处恢复为"68.0%"；"icon4.png"图层在第3秒24帧处的水平缩放参数为"0.0%"，在第4秒12帧处恢复为"93.0%"。为插入的关键帧设置缓动效果，如图4-52所示。

图4-52 插入缩放关键帧

（5）按【Ctrl+M】组合键将"最终效果"合成添加到渲染队列，设置输出格式为"AVI"，将输出名称修改为"音乐App交互"，单击"渲染"按钮完成渲染与输出操作，如图4-53所示。最后将文件保存为文件夹（配套资源：效果\第4章\"音乐App交互文件夹"文件夹、音乐App交互.avi）。

图4-53 渲染并输出文件

 项目实训——制作点击动作的交互动效

⊛ 项目要求

本项目将利用AE的合成功能，制作出App中点击动作的交互动效，要求交互过程自然顺畅，具有较强的节奏感和舒适感。

⊛ 项目目的

本项目制作的交互效果如图4-54所示（配套资源：效果\第4章\点击动作.aep、点击动作.avi），该动效的过程为：点击"美食江湖"文字上方的"点击查看菜单"区域，当前界面中的各个元素以不同的方式逐渐消失，同时多个美食信息逐渐出现在界面中，用户点击喜欢的美食信息后，将单独显示该美食信息的详细内容。通过本项目，读者将进一步熟悉App交互动效的制作。

动效预览

点击动作的交互动效

⊛ 项目分析

App交互动效实际上就是各种交互动作的视觉反馈，在这些视觉反馈中，较为基础的就是元素的消失与出现效果。当用户执行某个操作后，当前界面中有哪些元素需要以怎样的方式和顺序消失，产生交互动作后，又有哪些新元素以怎样的方式出现等，这些都是交互设计时需要考虑的内容。

本项目主要涉及点击动作，因此需要重点考虑点击动作产生后，元素以怎样的方式消失与出现，以及如何把握动效的节奏等内容。在制作过程中一方面可以借鉴其他成熟App的相应动效，另一方面也可以不断调整App的交互动效，直至做出满意的效果。

图4-54 点击动作的交互动效

⦿ 项目思路

（1）制作消失动效。点击目标元素后，为当前界面中的各元素创建不同的消失动效。

（2）添加新元素。当原有元素消失后，为美食信息元素添加各种动效，使美食信息元素出现在点击后的界面中。

（3）消除美食信息。当再次点击某个美食信息后，继续为当前元素制作消失动效。

（4）添加新元素。点击美食信息对应的图片元素后，逐次显示该美食信息的详细内容。

（5）渲染输出。预览制作的合成文件，确认无误后将其渲染并输出。

⦿ 项目实施

1. 制作第1次点击动效

第1次点击动效发生在"美食文档"界面中的"美食江湖"图片元素区域，点击后当前界面的所有元素将消失，并出现若干美食信息元素，具体操作如下。

慕课视频

制作第1次点击动效

（1）打开AE，以"合成"方式导入"P1.psd"素材文件（配套资源：素材\第4章\P1.psd），修改合成名称为"点击交互"，设置持续时间为2秒。

（2）进入"点击交互"合成，选择"图层8"图层，在第10帧分别插入位置关键帧和不透明度关键帧，将锚点拖曳至"美食江湖"图片元素中央。在第15帧将"美食江湖"图片元素向下拖曳出场景，并设置不透明度参数为"0%"。为插入的所有关键帧设置缓动效果。

（3）选择"图层2"图层，将锚点拖曳至人像中央，在第15帧处分别插入缩放关键帧和不透明度关键帧。在第20帧分别设置缩放和不透明度参数为"0.0%""0%"。为插入的所有关键帧设置缓

126

动效果。复制所有关键帧，将它们应用到"图层3"~"图层7"图层上，如图4-55所示。

图4-55 为各图层插入关键帧

（4）以"合成"方式导入"P2.psd"素材文件（配套资源：素材\第4章\P2.psd），将该素材中的"图层2"~"图层6"图层拖曳至"点击交互"合成中。

（5）将5个美食信息图层的锚点分别拖曳至信息文本中央。选择"图层2"图层，在第1秒05帧处插入位置关键帧和不透明度关键帧；在第20帧处将该美食信息拖曳至场景下方，并修改不透明度参数为"0%"，为插入的关键帧设置缓动效果。

（6）使用相同的方法设置其他4个美食信息图层的动效，各动效的发生时间依次延后1帧，如图4-56所示。

图4-56 为美食信息图层插入关键帧

2. 制作第2次点击动效

第2次点击动效发生在美食信息元素上，用户点击某个美食信息后当前界面的所有美食信息将消失，用户所点击的美食信息的图片将放大至界面顶端，并逐渐出现该美食信息的详细内容，具体操作如下。

慕课视频

制作第2次点击动效

（1）选择"图层2"图层，将该图层前一个位置关键帧和不透明度关键帧复制到第1秒20帧处。在第2秒05帧处将该图层拖曳至场景左侧，并设置不透明度关键帧为"0%"。使用相同的方法处理"图层3"~"图层6"图层，各图层的关键帧分别延迟1帧，如图4-57所示。

图4-57 为美食信息图层插入关键帧

（2）以"合成"方式导入"P3.psd"素材文件（配套资源：素材\第4章\P3.psd），将该素材中除背景以外的图层拖曳到"点击交互"合成中。

（3）在第2秒08帧处为图片所在的图层插入缩放关键帧和不透明度关键帧，在第1秒20帧处调整图片的缩放和不透明度参数为"0.0%""0%"。

（4）在第2秒08帧处为两个文字内容对应的图层插入不透明度关键帧，设置不透明度参数为"0%"，在第2秒15帧处设置不透明度参数为"100%"，为所有关键帧设置缓动效果，如图4-58所示。

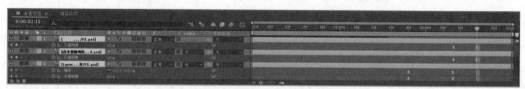

图4-58 制作美食信息详情动效

（5）预览并适当调整视频大小和节奏，确认无误后将其渲染输出为AVI格式的视频文件，并保存为文件夹（配套资源：效果\第4章\"点击交互文件夹"文件夹、点击交互.avi）。

思考与练习

1. 简述交互动效的常见类型。

2. 提升交互动效的质量有哪些关键点？

3. 列举交互动效的制作原则。

4. 制作图4-59所示的"横向滑动"动态效果（配套资源：素材\第4章\手机01.png、手机02.png、返回.png）。

动效预览

"横向滑动"动态效果

图4-59 "横向滑动"交互动效

提示：通过图层的位置、缩放、不透明度等属性制作手机滑动前后的不同动效；通过定格的不透明度关键帧来制作手机型号与价格文本动效；通过定格的填充颜色关键帧来制作圆点动效（配套资源：效果\第4章\"横向滑动文件夹"文件夹、横向滑动.avi）。

Chapter 5

第5章
企业宣传片制作

5.1 制作企业片头动画
5.2 制作企业简介动画
5.3 制作行业内容动画
5.4 制作企业产品定位动画
5.5 制作企业文化动画

<table>
<tr><td colspan="4" align="center">学习引导</td></tr>
<tr><td></td><td>知识目标</td><td>能力目标</td><td>素质目标</td></tr>
<tr><td>学习目标</td><td>1. 了解企业宣传片的制作流程
2. 了解制作企业宣传片时音乐的选择方法
3. 了解制作企业宣传片时源文件的选择方法</td><td>1. 制作企业介绍类宣传片
2. 具备独立制作企业宣传片的能力</td><td>1. 提高对企业宣传片的审美能力
2. 理解制作企业宣传片的意义</td></tr>
<tr><td>实训项目</td><td colspan="3">制作快消品企业宣传片</td></tr>
</table>

慕课视频

企业宣传片制作

【项目策划】制作企业宣传片

企业宣传片是企业用来宣传自身的一种专题视频，主要介绍企业的规模、业务、产品、文化等信息。某企业计划在成立20周年之际使用动态图形制作一个企业宣传视频，用于对企业进行阶段性总结，现已策划好宣传片的具体内容，包括企业历史、行业、产品定位，以及企业文化等。下面先了解企业宣传片的相关知识，然后进行制作。

【相关知识】

使用动态图形制作企业宣传片可以将原本单调的企业宣传片变得生动有趣，让人印象深刻，如图5-1所示。本章先介绍企业宣传片的制作流程，以及选择合适的音乐和源文件的方法，然后以实际案例为主介绍使用动态图形制作企业宣传片的基本操作。

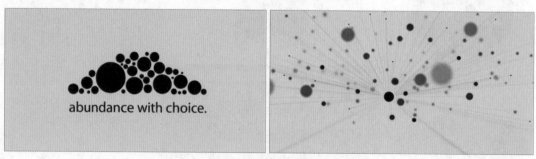

图5-1 苹果公司宣传片

1. 企业宣传片的制作流程

使用动态图形制作企业宣传片主要有以下几个流程。

- 沟通需求。先要了解企业需求，明确企业是要做企业宣传片，还是产品宣传片，然后才能进行下一步操作。
- 确定脚本。开始确定宣传片内容，包括分为几个部分，每个部分是什么主题等。
- 确定风格。很多使用动态图形制作的企业宣传片的风格都非常相似，都是以一些基础的圆形、三角形、波浪形等图形为装饰。要与其他企业的宣传片拉开差距，就需要使用不同的风格，如在宣传片中加入一些创新元素，或重复使用某些元素等，让人加深印象。
- 动效制作。确定好脚本和风格后，即可制作动效。在制作过程中，经常使用的动效主要有位移动效、缩放动效、不透明度动效等，但要让这些基础动效变得有趣，还需要仔细考量和打磨。
- 加入音乐。动效制作完成后，即可为其添加合适的音乐，从而让宣传片更具感染力。
- 调整输出。加入音乐后，还需要仔细调整动效，让动效与音乐自然融合，避免出现音画不同步的现象，调整完成后即可输出。

2. 音乐的选择

制作企业宣传片时，音乐的选择也是很关键的一环，可以选择配音、音乐和音效。

- 配音。配音是视频播放时人们听到的声音，不同的视频应具有不同的配音，具体风格要根据视频的具体需求而定，如严肃或轻松搞笑。
- 音乐。音乐是穿插在整个视频中的背景音乐，这种音乐一般需要邀请专业的音乐工作室进行创作，与视频相得益彰的音乐能够提高视频质量。
- 音效。音效与配音和音乐不同，音效的作用在于增强画面的节奏感和趣味性，如碰撞声、拍打声、水声等，音效能使整个视频的节奏更加饱满。

3. 源文件的选择

在AE中可导入多种格式的图片或视频文件，但为了方便，一般会直接使用PSD或AI格式的源文件。

- PSD格式。PSD格式的优点是能保留图层信息，将文件导入AE中后，可分图层进行操作，但不能导入带有蒙版的图层。
- AI格式。AI格式同样能保留图层信息和分图层进行编辑，除此之外，AI格式的文件在AE中还能保留AI中的路径，这对于制作路径动画或UI动效非常有用。

【项目制作】

动效预览

企业宣传片的核心是介绍企业的发展、企业所在的行业、企业的生产内容，以及企业的产品标准和文化等。在图形动效上，则涉及与蒙版、位移、特效、表达式等相关的操作。本项目制作的宣传片分为5个部分，涵盖了企业宣传片的重点内容，时长为20秒，其最终效果如图5-2所示。

企业宣传片

图5-2 企业宣传片效果

📷 5.1 制作企业片头动画

制作企业片头动画时，一般包含的信息比较少，主要包括企业Logo和主题内容，具体操作如下。

（1）启动AE，在"主页"面板中单击 新建项目... 按钮，新建一个项目并保存为"企业宣传片"。在"项目"面板中双击，在打开的对话框中选择"企业片头.ai"素材文件（配套资源：素材\第5章\企业文化.ai），在"导入为"下拉列表框中选择"合成-保持图层大小"选项，然后单击 导入 按钮，如图5-3所示。

慕课视频

制作企业片头动画

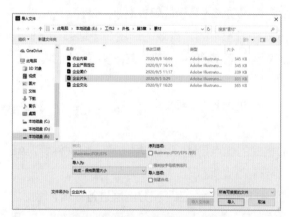

图5-3 导入AI格式素材文件

（2）在"项目"面板中双击"企业片头"合成，在"时间轴"面板中打开企业片头中的内容，如图5-4所示。此时在AE中新建的合成的尺寸与素材文件的尺寸一致。

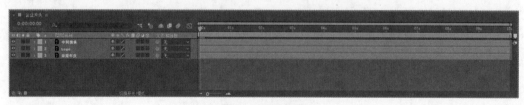

图5-4 打开合成

经验之谈

　　本章使用的素材文件是在Adobe Illustrator中制作的，使用该软件制作素材文件时，要注意以下两点：第一，不要使用带有透明效果的图形；第二，不要使用带有渐变填充色的图形。若需要表现透明效果和渐变色，可在AE中重新制作，否则导入素材时会出错。

　　（3）在"时间轴"面板的空白处单击鼠标右键，在弹出的快捷菜单中选择【新建】→【纯色】命令，在打开的"纯色设置"对话框中，设置名称为"背景"，颜色为"白色"，单击 **确定** 按钮，将该白色背景图层拖曳到"时间轴"面板的最下方，如图5-5所示。

图5-5　新建白色背景图层

　　（4）在"时间轴"面板的空白处单击鼠标右键，在弹出的快捷菜单中选择【新建】→【形状图层】命令，新建"形状图层1"图层，保存默认设置。选择矩形工具■，在Logo上绘制一个刚好遮住Logo的矩形，然后在"时间轴"面板中将该形状图层拖曳到"Logo"图层的上方。再单击"时间轴"面板下方的 **切换开关/模式** 按钮，打开轨道遮罩选项，设置"Logo"图层的轨道遮罩为"Alpha遮罩'形状图层1'"。

　　（5）在"时间轴"面板的空白处单击鼠标右键，在弹出的快捷菜单中选择【新建】→【形状图层】命令，新建"形状图层2"图层，保存默认设置。选择矩形工具■，在文字图层上绘制一个刚好遮住文字的矩形，然后在"时间轴"面板中将该形状图层拖曳到文字图层的上方。再在文字图层的轨道遮罩选项处，将文字图层的轨道遮罩设置为"Alpha遮罩'形状图层2'"，如图5-6所示。

图5-6　为"Logo"图层和文字图层添加蒙版图层

　　（6）在第1秒处选择"Logo"图层，按【P】键调出位置属性。单击位置属性左侧的"秒表"按钮，添加一个关键帧；在第2秒处也添加一个关键帧，使这两秒之间的Logo图形都在同一个位置，即不发生变化。在第0秒处将Logo拖曳到上方的位置，设置位置参数为"960.0,114.4"。在第3秒处将Logo拖曳到同样的位置。使用同样的方法，制作下方文本从下往上出现并停留一秒，然后又往下移出的效果，如图5-7所示。

图5-7 添加关键帧

大多数新手特别在意教程中参数值的设置，但在实际制作过程中，应根据实际的情况来设置参数值，如果界面尺寸发生变化，那么参数值也会发生变化。

（7）按住【Shift】键不放，选中"Logo"图层和文字图层中刚创建的8个关键帧，然后按【F9】键，将这些关键帧转换为缓动帧。单击"时间轴"面板上方的"图表编辑器"按钮，进入"编辑速度图表"界面，按住【Shift】键不放，分别框选第1秒处和第3秒处的锚点，再向左拖曳左侧的控制手柄，设置速度图表的波形，如图5-8所示。

图5-8 制作缓动效果

（8）单击"图表编辑器"按钮，退出"编辑速度图表"界面。选择"中间横条"图层，按【S】键调出缩放属性，单击缩放数值左侧的链接按钮，取消链接，然后在第0秒、1秒、2秒和3秒的位置，分别设置缩放参数为"0.0,100.0%""100.0,100.0%""100.0,100.0%""308.0,100.0%"，只在横向上缩放横条，如图5-9所示。

图5-9 制作缩放效果

二十周年庆

图5-9 制作缩放效果（续）

📷 5.2 制作企业简介动画

接下来制作企业简介动画，为了将其与企业片头动画衔接，在设计企业片头动画时就加入了一些小的连接点，如中间横条，它们在企业简介动画中也会继续出现，具体操作如下。

（1）在"项目"面板的空白处双击，在打开的对话框中选择"企业简介.ai"素材文件（配套资源：素材\第5章\企业简介.ai），将其以"合成-保持图层大小"的方式导入AE中。双击打开"企业简介"合成文件，将其打开。再新建一个白色的纯色图层作为背景图层，如图5-10所示。

慕课视频

制作企业简介动画

图5-10 打开素材并创建背景图层

（2）在工具栏中选择锚点工具▣，依次将4个图标的锚点拖曳到下方居中的位置。选择"蓝色""绿色""黄色""红色"图层，按【S】键调出缩放属性，依次在第0秒、1秒、2秒、3秒处添加关键帧，分别设置缩放参数为"0.0,0.0%""100.0,100.0%""100.0,100.0%""0.0,0.0%"，选择这些关键帧，按【F9】键，将这些关键帧转换为缓动帧，如图5-11所示。

> **经验之谈**
>
> 企业宣传片中的各元素的动作都比较快，一般上一个动作与下一个动作的间隔时间不会超过一秒。但也有例外，如制作一些慢动作效果。因此制作动态图形的设计师还需要了解动画的一些基本规律，才能制作出符合大众认知规律的动画效果。

图5-11 设置关键帧

（3）选择这些缓动帧，进入"编辑速度图表"界面，按住【Shift】键不放，分别框选第1秒和第3秒处的锚点，再向左拖曳左侧的控制手柄，设置速度图表的波形，如图5-12所示。

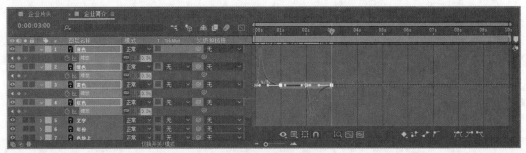

图5-12 设置缓动效果

（4）退出"编辑速度图表"界面，选择"蓝色""绿色""黄色""红色"4个图层，按【R】键调出旋转属性，单独选择"蓝色"图层，按住【Alt】键不放，单击旋转属性左侧的"秒表"按钮 ，在右侧的输入框里输入表达式"time*12"，将该表达式复制粘贴到另外3个图层的旋转属性中，如图5-13所示。

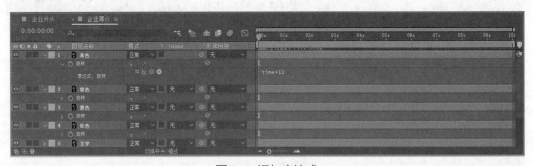

图5-13 添加表达式

（5）新建"形状图层1"图层。选择矩形工具 ，在"文字"图层上绘制一个刚好遮住"文字"图层中所有文字的长方形，然后在"时间轴"面板中将该形状图层拖曳到"文字"图层的上方。再单击"时间轴"面板下方的 切换开关/模式 按钮，打开轨道遮罩选项，设置"文字"图层的轨道遮罩为"Alpha遮罩'形状图层1'"。使用同样的方法，创建并设置"年份"图层的遮罩图层，如图5-14所示。

图5-14 创建并设置遮罩图层

（6）选择"文字"图层，按【P】键调出位置属性，在第0秒、1秒、2秒、3秒处分别添加关键帧，并设置位置属性分别为"985.0,712.3""985.0,644.3""985.0,644.3""985.0,718.3"；将这4个关键帧转换为缓动帧，然后在"编辑速度图表"界面中设置先快后慢的速度。使用同样的方法制作"年份"图层的位移动画，如图5-15所示。

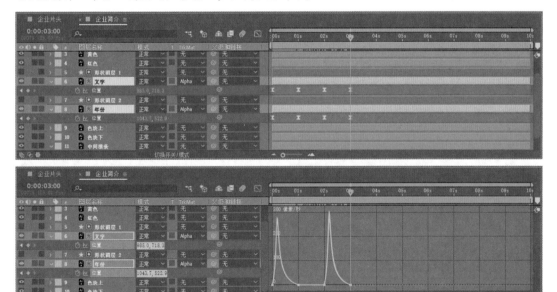

图 5-15 制作位移动画

（7）制作上下色块的位移动画。打开"色块上"图层和"色块下"图层的位置属性，在第

0秒、1秒、2秒、3秒处分别添加关键帧，设置"色块上"图层的位置属性分别为"960.0,-127.8""960.0,122.2""960.0,122.2""960.0,-133.8"，"色块下"图层的位置属性分别为"960.0,1217.8""960.0,957.8""960.0,957.8""960.0,1207.8"，并将关键帧转换为缓动帧。然后在"编辑速度图表"界面中设置缓入缓出效果，如图5-16所示。

图5-16 制作色块的位移动画

（8）为"中间横条"图层添加横向的消失动画，在第2秒和第3秒的位置分别添加缩放关键帧，它们的参数分别为"100.0,100.0%""0.0,100.0%"，如图5-17所示。

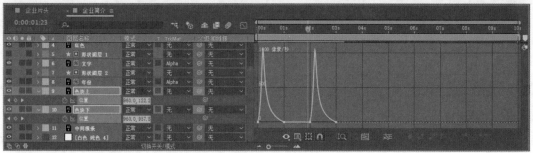

图5-17 制作中间横条消失动画

📷 5.3 制作行业内容动画

下面将制作行业内容动画，主要包含使用复杂的弹跳表达式，以及使用AE中自带的效果和预设等操作，具体操作如下。

（1）以"合成-保持图层大小"的方式导入"行业内容.ai"素材文件（配套

慕课视频

制作行业内容动画

资源：素材\第5章\行业内容.ai），新建一个白色的纯色背景图层，删除"专注电力设备开发"图层，选择文本工具**T**，在相同位置重新输入文本"专注电力设备开发"，如图5-18所示。

图5-18 导入素材文件

（2）制作上下两个背景条的出入动画，分别在"背景条上"图层和"背景条下"图层的第0秒、第1秒、第2秒和第3秒处添加位置关键帧，将"背景条上"图层的位置属性分别设置为"960.0，−41.6""960.0，40.4""960.0，40.4""960.0，−45.6"，将"背景条下"图层的位置属性分别设置为"960.0，1238.4""960.0，931.4""960.0，931.4""960.0，1240.4"，将这些帧转换为缓动帧，并为它们设置缓入缓出动画，如图5-19所示。

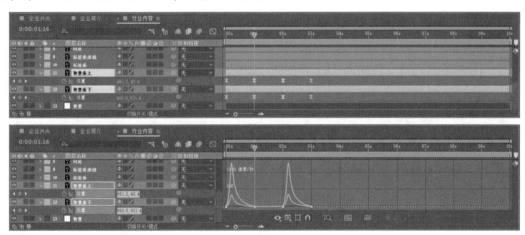

图5-19 制作背景条的出入动画

（3）为"标签条"图层设置位移动画，在第0秒、第1秒、第2秒、第3秒处添加位置关键帧，设置位置属性分别为"960.0，−398.0""960.0，324.0""960.0，324.0""960.0，−398.0"。然后按住【Alt】键不放，单击位置属性左侧的"秒表"按钮◎，在打开的表达式输入栏中输入弹跳表达式。在第0s时，设置"值得信赖""Logo""网址""标签条虚线"这4个图层的初始位置，分别为（245.8,151.9）（245.8,344.3）（245.8,521.8）（245.8,345.8），然后为这些图层创建父级链接，链接到"标签条"图层上，如图5-20所示。

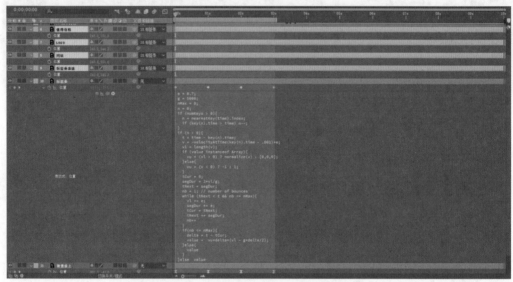

图 5-20 设置位移动画和父子关系链接

（4）新建3个形状图层，在"形状图层 1"图层中绘制两个遮住小闪电图标的矩形，将该图层作为"两个闪电"图层的蒙版，设置"两个闪电"图层缓入缓出的位移动画。在"形状图层 2"图层中绘制一个刚好遮住文本的矩形，将其作为文本图层的蒙版，然后设置蒙版矩形在横向上的缩放动画，用来实现文字出现又消失的效果，如图5-21所示。

图5-21 新建并设置蒙版图层

（5）将"形状图层 3"图层重命名为"闪电"，在"效果和预设"面板中搜索"闪电"预设，将其添加到该形状图层上。在"效果控件"面板中设置源点的动画属性，即在第19帧、第1秒和第1秒06帧处设置源点位置分别为"956.3,947.3""731.3,945.3""956.3,945.3"。然后设置方向的动画属性，在第19帧、第1秒和第1秒07帧处设置位置分别为"960.6,946.7""1200.6,946.7""960.6,946.7"。再在第19帧和1秒处分别设置传导率状态为"0.0""10.0"。最后添加一个"更改颜色"预设，将绿色的闪电改为偏蓝色的效果，色相变换的数值为"145.8"，如图5-22所示。

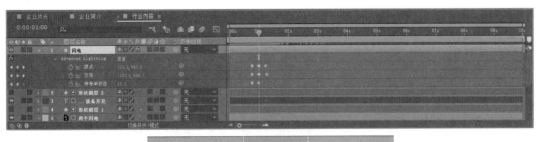

图5-22 设置闪电特效的动画关键帧

📷 5.4 制作企业产品定位动画

下面制作企业产品定位动画，这里将涉及修剪路径的动画。

（1）以"合成-保持图层大小"的方式导入"企业产品定位.ai"素材文件（配套资源：素材\第5章\企业产品定位.ai），新建一个白色的纯色背景图层，在"安全绿底"图层上单击鼠标右键，在弹出的快捷菜单中选择【创建】→【从矢量图层创建形状】命令，将该图层转换为形状图层，再隐藏"安全绿底"图层，如图5-23所示。

慕课视频

制作企业产品定位动画

图5-23 导入素材文件并转换图层

（2）展开"'安全绿底'轮廓"图层，选择组1，单击添加按钮 ▶，选择"修剪路径"命令，为组1添加修剪路径。在第1秒处为修剪路径的结束属性添加一个关键帧，设置关键帧属性为"0.0%"；在第1秒12帧处再添加一个结束关键帧，设置结束关键帧属性为"100.0%"，最后添加缓动效果，如图5-24所示。使用同样的方法，为组3添加修剪路径动画，并且将动画关键帧后移5帧。

图5-24 制作组1和组3的动画

（3）设置组2（白色圆形）的缩放动画，对于"变换：组2"下的比例属性，设置第1秒处的比例为"0.0,0.0%"，第1秒12帧处的比例为"100.0,100.0%"，并为其设置缓动效果，如图5-25所示。

图 5-25 制作组 2 的动画

（4）设置组4（绿色按钮）的缩放动画，先取消比例属性左侧的链接设置，再设置第1秒处的比例为"0.0,100.0%"，第1秒05帧处的比例为"100.0,100.0%"，如图5-26所示。

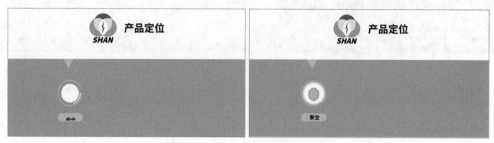

图 5-26 制作组 4 的动画

（5）制作绿色椭圆上"安全"文本的出现动画，新建形状图层，在形状图层中绘制矩形作为蒙版，用于遮住"安全"二字。再设置"安全"文本从下到上的位移动画，如图5-27所示。

图 5-27 制作"安全"文本的动画

（6）设置安全图标的缩放动画，缩放属性从"0.0%"到"100.0%"，注意动画的顺序和节奏。使用同样的方法制作"绿色"和"环保"部分元素和文字的动画，然后将这3部分错开一定的时间，如图5-28所示。

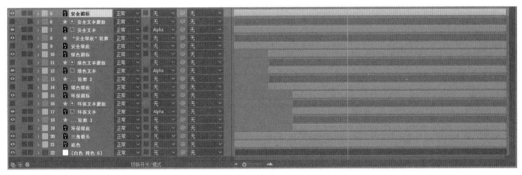

图5-28 设置元素动画

（7）制作剩余元素的动画。为"底色"图层设置一个由下到上的位移动画；为"三角箭头"图层设置一个不透明度由"0%"变化到"100%"的动画，以及从左到右移动→停顿→移动的动画，分别对应下方3部分元素的出现动画，如图5-29所示。

图5-29 设置底色和三角箭头的动画效果

（8）制作Logo和"产品定位"文本的蒙版动画，动画效果为Logo从左侧出现，"产品定位"文本从右侧出现，如图5-30所示。

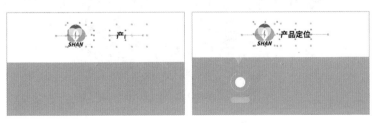

图5-30 设置其他元素的动画效果

📷 5.5 制作企业文化动画

慕课视频

制作企业文化动画

下面制作企业文化动画，完成后将其与之前4部分的内容合成到一起，并渲染输出企业宣传片动画。

（1）以"合成-保持图层大小"的方式导入"企业文化.ai"素材文件（配套资源：素材\第5章\企业文化.ai），如图5-31所示。

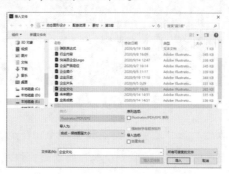

图5-31 导入素材文件

（2）新建一个白色的纯色背景图层。删除"波纹"图层，新建一个形状图层，将其重命名为"波纹"，然后使用矩形工具▇在"波纹"图层上绘制一个矩形，按【Ctrl+Shift+C】组合键，将该图层转换为预合成，如图5-32所示。

图5-32 新建图层

（3）进入"波纹"预合成，为其添加"波纹"效果，在"效果控件"面板中设置"波纹"效果的相关属性，如图5-33所示。

图5-33 设置"波纹"效果的属性

（4）回到"企业文化"合成中，放大"波纹"预合成，并调整波纹的位置（"波纹"效果为从中间往两边运动，这里需要将其调整为只显示一边的运动），设置波纹从下往上的位移动画。然后按两次【Ctrl+D】组合键，复制两次"波纹"图层，将多个波纹错开放置，并且在"时间轴"面板中错开波纹的出现时间，如图5-34所示。

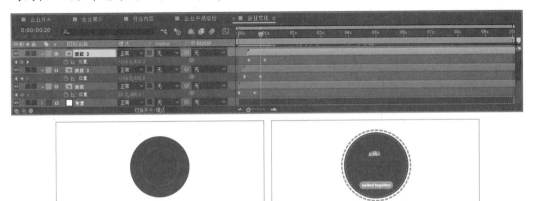

图5-34 调整波纹效果

（5）设置"圆"图层的缩放动画。在第12帧处设置缩放参数为"0.0,0.0%"，在第1秒处设置缩放参数为"100.0,100.0%"，并为该图层设置缓动效果。然后设置"内虚线"图层的缩放动画，与"圆"图层的缩放动画相同，但不为其设置缓动效果，如图5-35所示。

图5-35 设置图层动画

（6）选择"内虚线"图层，按【R】键调出旋转属性，在表达式栏中输入"time*12"，为其设置一个自动旋转动画，如图5-36所示。

图5-36 设置旋转动画

（7）在"外虚线"图层上单击鼠标右键，在弹出的快捷菜单中选择【创建】→【从矢量图层创建形状】命令，将该图层转换为形状图层，并且隐藏"外虚线"图层。选择"'外虚线'

轮廓"图层，在第20帧处设置缩放关键帧为"76.0,76.0%"，不透明度关键帧为"0%"，在第1秒处设置缩放关键帧为"100.0,100.0%"，不透明度关键帧为"100%"；在"描边-虚线"下的"偏移"属性中输入表达式"time*12"，让虚线一直转动，如图5-37所示。

图5-37 设置虚线动画

（8）制作圆形内部元素的动画。在"两条线"图层上单击鼠标右键，在弹出的快捷菜单中选择【创建】→【从矢量图层创建形状】命令，此时会出现"'两条线'轮廓"图层，并且将隐藏"两条线"图层。在组1下设置文字上方线条的位移动画，在第1秒20帧处设置位置属性为"-342.2,114.5"，在第2秒处设置位置属性为"224.8,23.5"；在组2下设置文字下方线条的位移动画，在第1秒20帧处设置位置属性为"777.8,125.4"，在第2秒处设置位置属性为"224.8,170.4"。在"'两条线'轮廓"图层上新建一个形状图层，在形状图层中绘制一个圆形，将此形状图层作为"'两条线'轮廓"图层的蒙版图层，让两条线的动效只在这个圆形中显示，如图5-38所示。

图5-38 设置线条蒙版动画

（9）分别制作"四角""文字""人群""按钮上文字""按钮"这5个图层的显示动画，这里统一使用从"0.0,0.0%"变化到"100.0,100.0%"的缩放动画。其中，"四角"图层的动画时间点在第2秒和第2秒08帧，"文字"图层的动画时间点在第1秒20帧和第2秒05帧，"人群"图层的动画时间点在第1秒10帧和第2秒，"按钮上文字"图层的动画时间点在第1秒05帧和第1秒15帧，"按钮"图层的动画时间点在第1秒和第1秒05帧；然后将除"按钮"图层外的图层的关键帧设置为缓动帧，并为它们设置缓动效果，如图5-39所示。

图5-39 制作其他元素的动画效果

（10）新建一个形状图层，将其命名为"烟花"，按【Ctrl+Shift+C】组合键将其转换为预合成。进入"烟花"预合成，使用圆角矩形工具■绘制一个大小为"12.0,48.0"，圆度为"80.0"的圆角矩形，将其对齐到合成中心。然后为该圆角矩形添加一个中继器，在中继器下的属性中，设置副本为"8.0"，位置为"0.0,0.0"，锚点为"0.0,39.0"，旋转为"0x+45°"，如图5-40所示。

图5-40 制作烟花元素

（11）在第2秒处设置烟花的不透明度为"0%"，在第2秒02帧处设置烟花的不透明度为"100%"，在第3秒处设置烟花的不透明度为"0%"。再设置烟花炸开的动画，这里需要在矩形路径的位置属性里设置，在第2秒处设置烟花的位置为"0.0,51.0"，在第3秒处设置位置为"0.0,346.0"，如图5-41所示。

图5-41 制作烟花从出现到消失的效果

（12）回到"企业文化"合成，将烟花复制两层，在"时间轴"面板中调整一下烟花的位置，使它们错开；并使用"更改颜色"效果更改烟花颜色，制作出颜色丰富的烟花炸开效果，如图5-42所示。

图5-42 制作烟花炸开动画

（13）新建一个合成，将其命名为"企业宣传片"，设置其持续时间为30秒，将其他几部分的合成都放到该合成中，按照播放顺序调整各合成的位置，在"企业产品定位"和"企业文化"之间新建一个形状图层，在该图层中绘制一个圆形，为圆形设置从"0.0%"变化到"100.0%"的缩放动画，作为过渡。然后添加背景音乐（配套资源：素材\第5章\Coffeeshop.wav），如图5-43所示。

图5-43 合成最终宣传片

（14）按【Ctrl+M】组合键将"企业宣传片"合成添加到渲染队列，并设置为"AVI"格式，修改输出名称为"企业宣传片"，单击 渲染 按钮渲染与输出宣传片，并将其保存为文件夹（配套资源：效果\第5章\"企业宣传片文件夹"文件夹、企业宣传片.avi）。

 项目实训——制作快消品企业宣传片 ......●

⊛ **项目要求**

本项目将利用AE的合成功能，制作快消品企业宣传片，要求宣传片中各场景之间衔接顺畅、动画节奏流畅、内容主次分明。

⊛ **项目目的**

动效预览

快消品企业宣传片

本项目制作的快消品企业宣传片如图5-44所示（配套资源：效果\第5章\"快消品企业宣传片文件夹"文件夹、快消品企业宣传片.avi），该宣传片的动效过程为：先显示企业Logo和名称，然后展示企业历史和业务成就，最后展望企业未来。通过本项目，读者将进一步熟悉企业宣传片的制作流程。

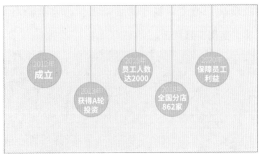

图5-44 快消品企业宣传片

⊙ 项目分析

宣传片中基础的动画效果就是位移动效、缩放动效和不透明度动效，制作宣传片时应重点考虑内容的策划和表现，以较恰当的方式和节奏制作动画，以及协调画面中的各元素。

本项目主要涉及场景间的切换、场景中各元素的出现和消失动画，以及节奏的把控等内容。在制作过程中可以参考其他成熟的宣传片动画效果，不断地打磨自己的作品，直至做出满意的效果。

⊙ 项目思路

（1）构思策划，绘制各场景中的元素。

（2）设计各场景中元素的动画效果。

（3）分场景制作动画，并考虑场景间的切换效果。

（4）将各个分场景合成到一起，制作场景间的切换动画。

（5）渲染输出。预览制作的合成文件，确认无误后将其渲染并输出。

⊙ 项目实施

1. 制作分场景动画

本项目主要有4个场景，包括企业Logo、企业历史、业务成就和未来期许，具体操作如下。

（1）以"合成"方式导入"快消品企业Logo.ai"素材文件（配套资源：素材\第5章\快消品企业Logo.ai），为Logo图标添加修剪路径效果，为文字添加"回弹"效果，为其他装饰元素添加位移和模糊效果。

（2）以"合成"方式导入"企业历史.ai"素材文件（配套资源：素材\第5章\企业历史.ai），根据时间顺序制作企业历史文字的出现动画，包括不透明度动画和位移动画等。

（3）导入"业务成就.ai"素材文件（配套资源：素材\第5章\业务成就.ai），利用修剪路径制作外圆描边的出现效果，利用缩放动画制作中间白色圆形的出现效果，给文字添加不透明度显示效果。然后将这些动态图形的图层转换为预合成，并为该预合成添加一个擦除效果，使其消失。

（4）导入"未来期许.ai"素材文件（配套资源：素材\第5章\未来期许.ai），为图表制作修剪

慕课视频

制作分场景动画

路径动画，为文字制作蒙版动画，为左边的渐变条制作竖向的缩放动画，并使用中继器制作烟花效果，如图5-45所示。

图5-45 制作分场景动画

2. 合成宣传片

制作好分场景动画后，即可合成宣传片，具体操作如下。

（1）新建"快消品企业宣传片"合成，将完成的4个场景都拖曳到该合成中，调整各场景的出现时间，并制作场景间的切换动画。

（2）将前期制作好的音乐（配套资源：素材\第5章\Adrenaline.wav）添加到合成中合适的位置，并渲染输出，如图5-46所示。

慕课视频

合成宣传片

图5-46 合成宣传片

思考与练习

1. 简述企业宣传片的制作流程。

2. 在视频中使用的音乐有哪几种？

3. 怎样提升宣传片的趣味性？

4. 制作"Logo出现与消失"动态效果（配套资源：素材\第5章\Logo.ai），如图5-47所示。

提示：通过修剪路径制作Logo中描边的出现效果，利用路径摆动来制作Logo的动态效果，利用位置、缩放和不透明度属性来制作其他元素的出现与消失效果（配套资源：素材\第5章\"Logo出现与消失文件夹"文件夹、Logo出现与消失.avi）。

动效预览

Logo出现与消失

图5-47 Logo出现与消失动效

Chapter 6

第6章
自媒体片头动画制作

学习引导			
	知识目标	能力目标	素质目标
学习目标	1. 了解自媒体的特性 2. 了解自媒体的品牌特性 3. 了解自媒体片头动画的制作流程	1. 制作自媒体片头动画 2. 能针对自媒体的不同领域制作不同属性的片头动画	1. 具备独立策划和制作各类自媒体动画的能力 2. 能够在自媒体动画中加入自己的创意
实训项目	制作自媒体片尾动画		

慕课视频

【项目策划】制作自媒体片头动画

　　随着智能手机、平板电脑等移动互联网络端的普及，各类为人们提供内容承载功能的新媒体平台也逐渐增多。而自媒体则是一种特殊的新媒体，它是　　自媒体片头动画制作
一种个人运营的、不同于企业和机构的媒体形式，主要经营"个人品牌"，是以个人为核心打造的媒体。自媒体能够迅速拉近与用户的距离，拥有巨大的商业价值。了解自媒体和自媒体品牌的特性，以及制作自媒体片头动画的流程，可以帮助我们打造具有个人风格的自媒体片头动画。

【相关知识】

　　各大视频类自媒体，为了让个人品牌给用户留下深刻的印象，往往会在视频的片头制作带有强烈个人风格和内容指向性的片头动画。

1. 自媒体的特性

　　自诞生以来，自媒体凭借其越来越精细的垂直内容和内容的多样性、普适性、群众性等特性，在媒体行业广受欢迎。

- 内容垂直。许多自媒体人在经营自媒体账号时，都会集中在自己感兴趣或擅长的领域，这使自媒体内容非常垂直，能精准获取对该领域感兴趣的用户的关注。
- 多样性。在一定程度上，自媒体人对内容的综合把握更具体、清晰，并且更切合实际，水平并不比专业的媒体从业人员低，甚至更有优势。
- 群众性。自媒体的传播主体来自社会各界，许多自媒体人来自群众阶层，这些自媒体人的功利性较弱，他们带有较少的预设立场，表达的内容也比较客观、公正。
- 普适性。自媒体人一般会将内容用普通人容易理解的语言表述出来，这使得自媒体更容易被广泛传播。

2. 分析自媒体的品牌特性

与企业、机构的宣传片相比，自媒体片头动画更注重个人品牌的呈现，以及与自身内容风格的契合。如美妆类自媒体注重时尚感，美食分享类自媒体注重闲适淡然的意境，资讯类自媒体比较注重科技感。这些自媒体都有自己的品牌特性。因此，在制作自媒体片头动画时，一般要先从以下6个方面分析自媒体的品牌特性。

- 明确定位。明确自媒体的定位、细分领域和内容。
- 确定受众。根据定位分析受众，如年龄、地域、性别等，确定受众及受众偏好。
- 分析竞品。在各大平台上搜索同类型自媒体，分析他们的阅读量和点评数，以及评论内容的质量，总结这些自媒体的优点和不足，再与个人的自媒体进行对比，从而改进个人的自媒体内容。
- 分析市场。通过各大平台年终总结，以及各类自媒体的品牌书等，分析自媒体对应领域的市场潜力和未来的发展方向。
- 确立风格。上述分析完成后，再确定个人自媒体的品牌调性和风格。
- 策划方案。策划自媒体片头动画方案，以及需要的元素，如图形、音乐、文案等。

3.自媒体片头动画的制作流程

自媒体片头动画制作的流程与宣传片的制作流程类似，不同之处在于自媒体片头动画的制作一般分为制作小元素动画和制作主要场景动画两个部分。

- 小元素动画。小元素一般在动画中起点缀、丰富场景和过渡的作用，一般用基础图形制作，图6-1所示为有很多元素做点缀的自媒体片头动画。
- 主要场景动画。主要场景动画是表现自媒体风格和特色的部分，会有针对性地设计一些内容，例如，本章制作的动画中的水波，代表知识的海洋；小飞机动画，代表乘风破浪等。

图6-1 自媒体片头动画

【项目制作】

自媒体片头动画出现在视频开始，用于告知受众视频内容和内容创造者，一般时间不会太长，在10秒以内。本章内容涉及3D图层的使用，以及设置分形杂色效果、路径动画等操作。本项目制作的片头动画的最终效果如图6-2所示。

动效预览

自媒体片头动画效果

图6-2 自媒体片头动画效果

6.1 制作自媒体片头小元素动画

自媒体片头动画中一般包含能代表视频内容的元素，以及一些意向型的动画效果。

6.1.1 制作环形圈和底板拖尾元素动画

在制作自媒体片头动画背景时可制作一些小元素动画，以丰富视觉效果。下面开始制作，具体操作如下。

制作环形圈和底板拖尾元素动画

（1）启动AE，在"主页"面板中单击 新建项目... 按钮，新建一个项目并保存为"新媒体片头.aep"。按【Ctrl+N】组合键新建名为"新媒体片头"的合成，设置宽度为"1280px"，高度为"720px"，持续时间为10秒，帧速率为"30帧/秒"。

（2）选择【文件】→【导入】→【文件】命令，在打开的"导入文件"对话框中选择"背景.aep"素材文件（配套资源：素材\第6章\背景.aep），然后单击 导入 按钮，如图6-3所示。

图6-3 导入素材文件

（3）将"背景.aep"文件夹中的"背景"合成拖曳到"时间轴"面板中，即可在"合成"面板中看到背景合成的效果。按【Ctrl+N】组合键新建"圈圈"合成，设置宽度为"1280px"，高度为"720px"，帧速率为"30帧/秒"，开始时间码为"0:00:00:20"，持续时间为27帧。

（4）在"时间轴"面板中单击鼠标右键，在弹出的快捷菜单中选择【新建】→【形状图层】命令，新建"形状图层1"。选择椭圆工具 ，按住【Shift】键不放，在"合成"面板中绘制一个圆形。然后在"时间轴"面板的相关属性中，设置椭圆大小为"520.0,520.0"，位置为"0.0,0.0"，颜色为"F2F2B9"，描边宽度为"12.0"，线段端点为"圆头端点"，如图6-4所示。

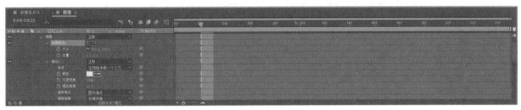

图6-4 新建图层并绘制圆形

（5）单击"添加"按钮 ，选择"修剪路径"命令，为图层添加"修剪路径"属性。在第25帧处设置"开始"属性的关键帧参数为"0.0%"，在第1秒11帧处设置为"100.0%"。然后设置"结束"属性的关键帧参数，在第20帧处设置为"0.0%"，在第1秒08帧处设置为"100.0%"，如图6-5所示。

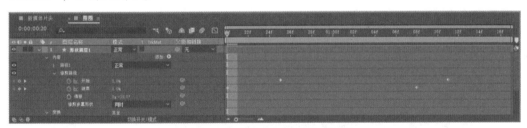

图6-5 设置修剪路径的关键帧参数

（6）选择这4个关键帧，按【F9】键将它们转换为缓动帧。单击"图表编辑器"按钮 ，进入图表编辑界面，拖曳控制手柄调整动画的缓入缓出效果，制作圆圈从出现到消失的修剪路径动画，如图6-6所示。

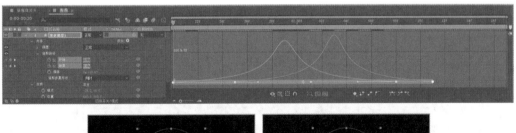

图6-6 设置修剪路径的关键帧动画

After Effects动态图形与动效设计（全彩慕课版）

（7）使用同样的方法，再新建两个形状图层，制作不同描边大小和关键帧位置的修剪路径动画，如图6-7所示。

图6-7 完成环形圈元素动画的制作

经验之谈

在同一个合成中制作统一元素，可以方便动画的管理，减少最终合成中的图层，也可轻松查找和修改图层、元素。

（8）按【Ctrl+N】组合键打开"合成设置"对话框，在其中设置合成名称为"底板拖尾"，宽度为"1280px"，高度为"720px"，帧速率为"30帧/秒"，开始时间码为"0:00:00:20"，持续时间为1秒10帧。在"底板拖尾"合成中，按【Ctrl+N】组合键新建"形状图层1"的合成，在该合成的"时间轴"面板中单击鼠标右键，在弹出的快捷菜单中选择【新建】→【形状图层】命令，新建"形状图层1"图层，如图6-8所示。

图6-8 新建合成与图层

（9）使用矩形工具▢在"合成"面板中绘制一个大小为"538.0,75.0"，填充颜色为"437758"的矩形。在"效果和预设"面板中找到"毛边"效果，将其拖曳到"形状图层1"上。在"时间轴"面板的"毛边"属性中按住【Alt】键不放单击"演化"左侧的"秒表"按钮，在右侧的表达式栏中输入"time*1000"，设置"伸缩宽度或高度"属性为"–3.50"，设置复杂度为"2"，设置边界为"50.20"，如图6-9所示。

图6-9 制作毛边动画效果

（10）在"效果和预设"面板中找到"简单阻塞工具"效果，将其拖曳到"形状图层1"

156

上。设置视图为"最终输出",设置阻塞遮罩为"6.00",如图6-10所示。

图6-10 设置阻塞效果

（11）回到"底板拖尾"合成中，再次为"形状图层1"添加"毛边"和"简单阻塞工具"效果。在"毛边"属性中，按住【Alt】键不放单击"演化"左侧的"秒表"按钮，在右侧的表达式栏中输入"time*2000"，设置"伸缩宽度或高度"属性为"–46.70"，设置复杂度为"2"，设置边界为"51.10"。在"简单阻塞工具"属性中设置阻塞遮罩为"6.00"，如图6-11所示。

图6-11 设置动画效果

（12）选择"形状图层 1"合成的图层，按【P】键调出位置属性，在第20帧和第1秒02帧处添加关键帧，位置参数均为"640.0,310.0"，如图6-12所示；在第1秒09帧处添加关键帧，位置参数为"640.0,403.0"。

图6-12 制作底板拖尾的位移动画

6.1.2 制作方格圈元素动画

为了使片头动画效果更丰富，还需要做一些表现力强的背景元素动画，如不同类型的圈的变化动画。下面开始制作方格圈元素动画，具体操作如下。

（1）在"新媒体片头"合成中，按【Ctrl+N】组合键新建"方格圈"合成，进入该合成，在"时间轴"面板中单击鼠标右键，在弹出的快捷菜单中选择【新建】→【纯色】命令，新建"纯色 1"图层，在"效果和预设"面板中找到"圆形"效果，将其拖曳到"纯色 1"图层上。

（2）在"效果控件"面板中设置"圆形"效果的颜色为"F6F4C5"，中心为

慕课视频

制作方格圈元素动画

"640.0,360.0"，不透明度为"57%"。在第2秒11帧处设置"半径"的关键帧属性为"0.0"，在第3秒04帧处添加关键帧，设置关键帧属性为"568.0"。在第2秒09帧处设置"边缘半径"的关键帧属性为"0.0"，如图6-13所示，在第3秒02帧处添加关键帧，设置关键帧属性为"568.0"。选择这4个关键帧，按【F9】键将它们转换为缓动帧。

图6-13　设置第一层圆形的关键帧动画

（3）单击"图表编辑器"按钮，进入图表编辑界面，拖曳控制手柄调整动画的缓入缓出效果，生成圆形从快速出现到缓慢消失的动画效果，如图6-14所示。

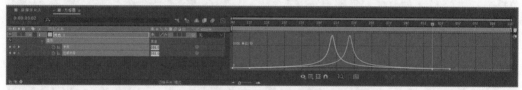

图6-14　设置第一层圆形动画的缓动效果

设置缓动帧效果可以让动画变得平滑，调整动画的缓入缓出效果，可以让这种平滑的动画效果更有节奏感，更能带动人的情绪。

（4）新建"纯色2"图层，为该图层添加"圆形"效果，设置"圆形"效果的颜色为"白色"。在第2秒13帧处为"边缘半径"添加一个关键帧，设置关键帧属性为"0.0"，在第3秒06帧处添加关键帧，设置关键帧属性为"555.0"。在第2秒17帧处为"半径"属性添加一个关键帧，设置关键帧属性为"0.0"，在第3秒10帧处添加关键帧，设置关键帧属性为"555.0"。选择这4个关键帧，按【F9】键将它们转换为缓动帧，如图6-15所示。

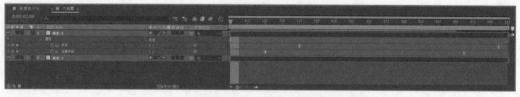

图6-15　设置第二层圆形的关键帧动画

（5）单击"图表编辑器"按钮，进入图表编辑界面，拖曳控制手柄调整动画的缓入缓出效果，生成圆形从出现到消失的动画效果，如图6-16所示。

（6）为"纯色2"图层添加两个"百叶窗"效果，将"百叶窗"效果的方向设置为

"0x+45.0°"，将"百叶窗2"效果的方向设置为"0x-45.0°"，如图6-17所示。

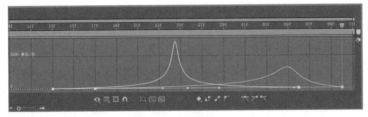

图6-16 设置第二层圆形的缓入缓出动画

图6-17 添加"百叶窗"效果

（7）选择"纯色2"图层，按【Ctrl+D】组合键复制一层，选择复制的"纯色3"图层，修改"圆形"效果的颜色为"7ECBF2"。选择"时间轴"面板中的4个关键帧，将它们往前移动一帧，如图6-18所示。

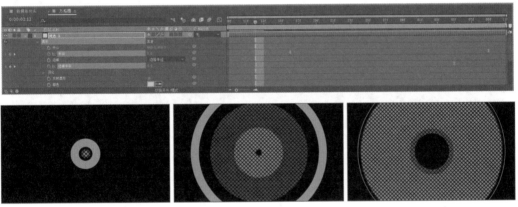

图6-18 设置第二层圆形动画

📷 6.2 制作海岛主场景动画

下面制作海水漫起、海岛升起和飞机绕圈飞行的海岛主场景动画。

6.2.1 制作水面波纹动画

下面制作水面波光粼粼的效果，具体操作如下。

（1）在"项目"面板的空白处单击鼠标右键，在弹出的快捷菜单中选择"新建合成"命令，在打开的"合成设置"对话框中，新建"黑白"合成，设置宽度和高度分别为"1280px""720px"，持续时间为10秒，帧速率为"30帧/秒"，背景颜色为"000000"。

（2）打开该合成，在"时间轴"面板的空白处单击鼠标右键，在弹出的快捷菜单选择【新建】→【纯色】命令，新建一个名为"1"的纯色图层。在"效果和预设"面板中找到"分形杂色"效果，将其拖曳到"1"图层上。在"时间轴"面板中展开该图层的"分形杂色"属

慕课视频

制作水面波纹动画

性，设置对比度为"376.0"，亮度为"-72.0"，复杂度为"6.0"；然后按住【Alt】键不放，单击"演化"左侧的"秒表"按钮◎，在右侧的表达式栏中输入"time*400"，如图6-19所示。

图6-19 制作"分形杂色"效果

（3）选择该纯色图层，按【Ctrl+D】组合键复制一层，将图层名称改为"2"，单击 切换开关/模式 按钮，调出"轨道遮罩"属性，设置"1"图层的轨道遮罩为"亮度遮罩2"，如图6-20所示。

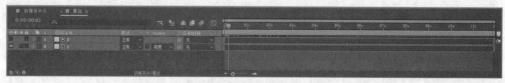

图6-20 设置亮度遮罩

（4）在"项目"面板的空白处单击鼠标右键，在弹出的快捷菜单中选择"新建合成"命令，在打开的"合成设置"对话框中，新建"耀光"合成，设置宽度为"1280px"，高度为"720px"，持续时间为15帧，帧速率为"30帧/秒"，背景颜色为"000000"。

（5）将"黑白"合成拖曳到该合成中，为其添加"填充"效果，设置填充颜色为"白色"。再为其添加"CC Vector Blur"效果，将Amount设置为"19.0"。选择"黑白"合成的图层，按【Ctrl+D】组合键复制一层，让耀光更明显，如图6-21所示。

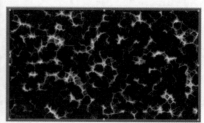

图6-21 制作耀光动画效果

（6）在"项目"面板中新建"水面"合成，将"耀光"合成拖曳到该合成中。在"时间轴"面板中新建"背景"纯色图层，设置其颜色为"99C6ED"。

（7）在"项目"面板中新建"立体水面"合成，将"水面"合成拖曳到该合成中。设置该图层为3D图层，设置其锚点参数为"640.0,0.0,0.0"，位置参数为"640.0,422.0,168.0"，缩放参数为"47.5,57.0,47.5%"，并设置其x轴旋转参数为"0x-80.0°"，如图6-22所示。

图6-22 将图层转换为3D图层

慕课视频

制作水立方动画

6.2.2 制作水立方动画

下面将二维的水面变为立体的水立方效果，具体操作如下。

（1）在"立体水面"合成中新建名为"蒙版"的形状图层，使用矩形工具■在该图层中绘制一个矩形。然后为该图层添加"波纹"效果，设置半径为"56.0"，波纹中心为"278.0,493.0"，波形速度为"0.5"，波形宽度为"47.0"，如图6-23所示。

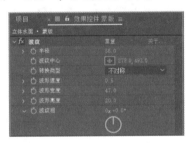

图 6-23 设置波纹动画

（2）单击 切换开关/模式 按钮，调出"轨道遮罩"属性，将"水面"图层的轨道遮罩设置为"Alpha反转遮罩'蒙版'"。选择蒙版图层，按【P】键调出位置属性，在第0帧处添加关键帧，设置参数为"640.0,586.0"；然后在第20帧处再添加关键帧，设置参数为"640.0,569.0"，如图6-24所示。

图 6-24 设置位移动画

（3）在"项目"面板中新建"水立方"合成，将"立体水面"合成拖曳到该合成中。按【P】键调出该图层的位置属性，在第0帧处添加一个关键帧，设置参数为"640.0,384.0"；在第20帧处添加一个关键帧，设置参数为"640.0,360.0"。

（4）新建"形状图层1"图层，并将其拖曳到"立体水面"图层的下方，使用矩形工具■绘制一个矩形，大小为"555.0,26.0"，如图6-25所示。

图 6-25 绘制矩形

（5）设置矩形的填充颜色为"C6E9FF"，位置为"0.0,111.0"，锚点为"0.0,17.0"，不透明度为"50%"。然后设置矩形的出现动画，在比例属性的第0帧处添加一个关键帧，设置参数为"100.0,0.0%"；然后在第20帧处再添加一个关键帧，设置参数为"100.0,100.0%"，如图6-26所示。

图 6-26 设置位移动画

（6）在"立体水面"合成中复制"蒙版"图层，在"水立方"合成中粘贴"蒙版"图层，并显示该图层。按【P】键调出该图层的位置属性，在第0帧处添加关键帧，设置参数为"640.0,586.0"；在第20帧处添加关键帧，设置参数为"640.0,569.0"。选择该图层，按【S】键调出缩放属性，在第0帧处添加关键帧，设置参数为"106.3,90.0%"；在第20帧处添加关键帧，设置参数为"101.2,127.0%"。

（7）选择该图层，按【T】键调出不透明度属性，在第0帧处添加关键帧，设置不透明度为"0%"；在第10帧处继续添加关键帧，设置不透明度为"50%"。再新建一个"形状图层2"图层，使用矩形工具■在"合成"面板中绘制一个矩形，并设置"蒙版"图层的轨道遮罩为"Alpha反转遮罩'形状图层2'"，如图6-27所示。

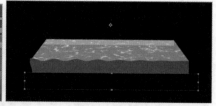

图 6-27 设置动画和遮罩

（8）新建"海岛"合成，各项参数保持默认。将"水立方"合成拖曳到"海岛"合成中。将"石头.aep""云.aep""小岛.aep"（配套资源：素材\第6章\石头.aep、云.aep、小岛.aep）导入"项目"面板中，并将这3个合成拖曳到"海岛"合成中，调整合成的排列顺序。

（9）拖曳"云"和"水立方"图层的起始位置到第1秒11帧处，将"小岛"图层的起始位置拖曳到第2秒03帧处，然后按【Ctrl+D】组合键复制"小岛"图层。并设置"小岛"图层的轨道遮罩为"Alpha遮罩'小岛2'"。将时间指示器定位到第4秒05帧处，选择所有图层，按【Alt+]】组合键剪切掉时间轴的后半部分，如图6-28所示。

图 6-28 制作"海岛"合成

（10）选择"小岛"图层，按【P】键调出位置属性，在第2秒03帧处添加关键帧，设置参数为"460.0,518.0"；在第2秒08帧处再添加一个关键帧，设置参数为"460.0,450.0"，如图6-29所示。

图 6-29 设置小岛出现的动画

慕课视频

制作纸飞机飞行动画

6.3 制作纸飞机飞行动画

本项目中的每一个动画元素都有其意义，如纸飞机飞行动画则要表达直冲云霄、努力向上的精神。下面制作纸飞机飞行动画，具体操作如下。

（1）将"海岛"合成拖入"新媒体片头"合成中。将"纸飞机.aep"（配套资源：素材\第6章\纸飞机.aep）导入"项目"面板中，然后将"纸飞机"合成拖入"新媒体片头"合成中，设置其起始位置在第2秒20帧处。

（2）在"纸飞机"图层中单击"3D图层"按钮，将该图层转换为3D图层。在2秒20帧处开始设置动画，按【P】键调出位置属性，添加关键帧，设置参数为"−207.2,−87.9,0.0"，在第3秒02帧处设置参数为"1827.2,980.0,3833.0"，在第3秒11帧处设置参数为"2712.5,388.6,10032.0"，在第3秒18帧处设置参数为"746.1,72.5,10032.0"，在第3秒27帧设置处参数为"−1796.8,539.1,10032.0"，在第4秒03帧处设置参数为"321.0,682.1,907.0"，在第4秒13帧处设置参数为"1886.2,459.8,0.0"。

（3）设置方向属性的关键帧动画，在第2秒20帧处设置参数为"0.0°,0.0°,0.0°"，在第3秒02帧处设置参数为"0.0°,0.0°,0.0°"，在第3秒07帧处设置参数为"0.0°,0.0°,279.0°"，在第3秒18帧处设置参数为"330.0°,0.0°,271.0°"，在第3秒27帧处设置参数为"0.0°,0.0°,240.0°"，在第4秒03帧处设置参数为"23.0°,0.0°,250.0°"，在第4秒13帧处设置参数为"23.0°,349.0°,254.0°"。

> **经验之谈**
>
> 　　将2D图层转换为3D图层后，才会出现一些与3D图层相关的属性，如多出来的z轴属性等，读者需在脑海中有空间概念，才能轻松地理解3D图层的使用方法。

（4）设置x轴旋转属性的关键帧动画，在第2秒20帧处设置参数为"0.0°"，在第2秒26帧处设置参数为"0x-33.2°"，在第3秒02帧处设置参数为"0x-9.0°"，在第3秒07帧处设置参数为"0x+17.3°"，在第3秒11帧处设置参数为"0x+106.0°"，在第3秒18帧处设置参数为"0x+104.3°"，在第4秒03帧处设置参数为"0x+132.0°"，在第4秒13帧处设置参数为"0x+142.0°"。

（5）设置y轴旋转属性的关键帧动画，在第2秒20帧处设置参数为"0x-47.0°"，在第2秒26帧处设置参数为"0x-33.3°"，在第3秒02帧处设置参数为"0x-39.0°"，在第3秒07帧处设置参数为"0x-83.3°"，在第3秒11帧处设置参数为"0x-76.0°"，在第3秒18帧处设置参数为"0x-90.2°"，在第3秒27帧处设置参数为"0x-108.0°"，在第4秒03帧处设置参数为"0x-121.0°"，在第4秒13帧处设置参数为"0x-129.0°"。

（6）设置z轴旋转属性的关键帧动画，在第2秒20帧处设置参数为"0x+16.0°"，在第3秒02帧处设置参数为"0x-22.0°"，在第3秒07帧处设置参数为"0x-5.1°"，在第3秒11帧处设置参数为"0x+22.0°"，在第3秒18帧处设置参数为"0x+1.2°"，在第3秒27帧处设置参数为"0x-54.0°"，在第4秒03帧处设置参数为"0x-85.0°"，在第4秒13帧处设置参数为"0x-95.0°"，如图6-30所示。

图6-30 设置纸飞机飞行动画

（7）新建"形状图层1"图层，使用钢笔工具在"形状图层1"图层中沿着纸飞机飞行的轨迹绘制路径，设置路径填充为"无"，描边颜色为"白色"，描边宽度为"8像素"，如图6-31所示。

（8）单击"内容"属性右侧的"添加"按钮，选择"修剪路

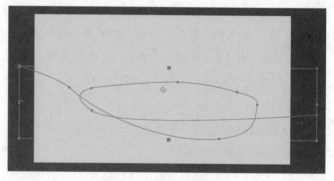

图6-31 绘制轨迹路径

径"命令。在"修剪路径 1"属性中，设置修剪路径动画，在"开始"属性的第2秒20帧处添加关键帧，设置参数为"0.0%"，在第2秒26帧处设置参数为"18.0%"，在第3秒02帧处设置参数为"31.0%"，在第3秒07帧处设置参数为"38.0%"，在第3秒11帧处设置参数为"42.0%"，在第3秒

18帧处设置参数为"50.0%"，在第3秒27帧处设置参数为"63.0%"，在第4秒03帧处设置参数为"68.0%"，在第4秒13帧处设置参数为"100.0%"。

（9）设置结束属性的关键帧动画，在第2秒20帧处设置参数为"0.0%"，在第2秒26帧处设置参数为"5.0%"，在第3秒02帧处设置参数为"19.0%"，在第3秒07帧处设置参数为"33.0%"，在第3秒11帧处设置参数为"37.0%"，在第3秒18帧处设置参数为"40.0%"，在第3秒27帧处设置参数为"57.0%"，在第4秒03帧处设置参数为"65.0%"，在第4秒13帧处设置参数为"68.0%"，在第4秒18帧处设置参数为"100.0%"，如图6-32所示。

图6-32 设置纸飞机飞行动画

（10）复制两次"形状图层1"图层，选择这3个图层，按【Ctrl+Shift+C】组合键，在打开的"预合成"窗口中设置预合成名称为"飞机轨迹"，单击 确定 按钮。进入"飞机轨迹"合成，将这3个图层的时间轴各错开一帧。

（11）同时选择这3个图层，按【P】键调出位置属性，错开这3个路径的上下位置。设置"形状图层1"图层的位置为"640.0,360.0"，"形状图层2"图层的位置为"640.0,370.0"，"形状图层3"图层的位置为"640.0,345.0"，如图6-33所示。

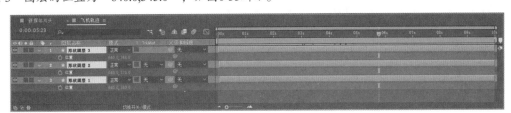

图6-33 错开轨迹位置和出现时间

（12）选择"形状图层2"图层，设置描边宽度为"2像素"；选择"形状图层3"图层，设置描边宽度为"4像素"，效果如图6-34所示。

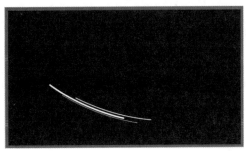

图6-34 设置描边宽度后的动画效果

📷 6.4 合成自媒体片头动画

下面先制作自媒体Logo的出现动画，并将其定格在最后，然后在一些关键节点添加音效，最后导出动画。

6.4.1 制作Logo出现动画

Logo是表现自媒体品牌的非常重要的元素，大都在片头动画的结尾出现。下面制作Logo出现的动画，具体操作如下。

慕课视频

制作Logo出现动画

（1）选择【文件】→【导入】→【文件】命令，将"网课自媒体片头Logo.psd"（配套资源：素材\第6章\网课自媒体片头Logo.psd）文件导入"项目"面板中。在"项目"面板中将该文件拖曳到面板底部的"新建合成"按钮 上，自动新建一个同名的合成，然后将该合成拖曳到"新媒体片头"合成中，并对齐到中心位置。

（2）在"新媒体片头"合成中新建一个形状图层，将其命名为"Logo蒙版"。使用矩形工具 在合成面板中绘制一个大小为"358.0,346.0"、位置为"0.0,0.0"的矩形，使矩形遮住网课自媒体片头的Logo，如图6-35所示。

图6-35 绘制遮罩图形

（3）选择"网课自媒体片头Logo"图层，按【P】键调出位置属性，在第4秒06帧处设置关键帧，设置参数为"640.0,660.0"；在第4秒15帧处添加关键帧，设置参数为"640.0,360.0"，做y轴上的位移动画。然后单击 切换开关/模式 按钮，调出"轨道遮罩"属性，设置"网课自媒体片头Logo"图层的轨道遮罩为"Alpha遮罩'Logo蒙版'"，如图6-36所示。

图6-36 设置轨道遮罩蒙版

图6-36 设置轨道遮罩蒙版（续）

6.4.2 添加音效并导出片头动画

添加音效能让片头动画更具识别性，同时更能吸引用户的注意，加深用户对自媒体的品牌的印象，具体操作如下。

慕课视频

添加音效并导出动画

（1）在"项目"面板中单击面板下方的"新建文件夹"按钮□，将其命名为"音效"，然后将素材文件夹中的"ET.mp3""电子.mp3""风声.mp3""科技.mp3""最终.mp3"（配套资源：素材\第6章\音效\）音效文件直接拖曳导入该文件夹中。

（2）将这5个音效拖入"新媒体片头"合成中，并调整位置。将"ET.mp3"的时间轴滑块的起始位置拖曳到第9帧处，将"电子.mp3"的时间轴滑块的起始位置拖曳到第1秒07帧处，将"风声.mp3"的时间轴滑块的起始位置拖曳到第2秒11帧处，然后选择该音效图层，按【Ctrl+D】组合键复制一层，将复制的"风声.mp3"的时间轴滑块的起始位置拖曳到第3秒29帧处，以匹配纸飞机的飞入和飞出音效。

（3）将"科技.mp3"的时间轴滑块的起始位置拖曳到第2秒27帧处，将"最终.mp3"的时间轴滑块的起始位置拖曳到第4秒10帧处，如图6-37所示。

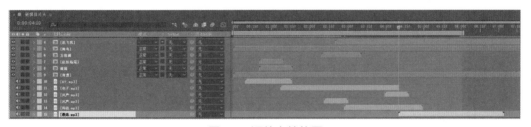

图6-37 调整音效位置

（4）将时间指示器定位到第6秒处，按【N】键将上方的工作区结束位置定位到时间指示器所在位置，最后将文件保存为文件夹，并保存到效果文件夹中（配套资源：效果\第6章\"自媒体片头文件夹"文件夹.aep）。按【Ctrl+M】组合键打开"渲染队列"面板，单击 渲染 按钮开始渲染视频，如图6-38所示。

图6-38 渲染视频

（5）渲染完成后，即可在效果文件中查看导出的AVI格式的视频（配套资源：效果\第6章\自媒体片头动画.avi），如图6-39所示。

图6-39 查看视频效果

项目实训——制作自媒体片尾动画

⊛ 项目要求

本项目将利用AE的修剪路径和合成功能，制作自媒体片尾动画，要求各元素之间衔接顺畅、动画节奏感强，能给人留下深刻印象。

⊛ 项目目的

本项目制作的自媒体片尾动画如图6-40所示（配套资源：效果\第6章\"自媒体片尾动画文件夹"文件夹、自媒体片尾动画.avi），该动画主要包括一些重复性的动画效果，动画过程为：先展示圆圈的层叠效果，以表达学习需要不断加深、重复积累的思想，最后展现自媒体Logo。通过本项目，读者将进一步熟悉自媒体相关动画的制作流程。

⊛ 项目分析

自媒体片尾动画中最基础的操作就是描边粗细的设置和序列图层的使用，以及修剪路径效果的制作。操作虽然比较简单，但需要厘清动画顺序，以增强动画的流畅性和逻辑性，需采用较合适的节奏和衔接方式进行制作。

动效预览

自媒体片尾动画

本项目主要涉及将元素动画组合成新背景，然后在新背景中露出Logo的效果等。在制作过程中可以参考、分析、总结其他知名自媒体片头和片尾动画的效果，思考如何打磨自己的作品，直至做出满意的效果。

图6-40 自媒体片尾动画

⊛ 项目思路

本项目的制作思路如下。

（1）分析市场，找到同类自媒体，并分析这些自媒体与本项目中的自媒体的异同点。

（2）构思策划自媒体片尾动画中需要的元素和风格。

（3）绘制各场景中的元素，并设计元素的动画效果。

（4）分场景和合成制作动画。

（5）将各个合成嵌套到一起。

（6）预览动画效果，添加音效，最后渲染输出。

⊛ 项目实施

1. 制作圆圈过渡动画

本项目只有一个场景，主要表现为通过圆圈的过渡变化组合成白色背景，然后出现自媒体Logo，具体操作如下。

（1）新建"过渡"合成，在其中制作圆圈的过渡效果。新建"形状图层1"图层，使用椭圆工具 ⬤ 绘制一个小圆形，添加"修剪路径"属性，设置修剪路径动画，以及描边由无到粗的变化。复制该图层，改变小圆形的描边颜色，并将其时间轴中的起始位置后移5帧。再复制一层，将描边颜色改为"白色"，再将该图层时间轴中的起始位置后移5帧，形成错开出现的过渡效果。

慕课视频

制作圆圈过渡动画

（2）选择这3个图层，按【Ctrl+Shift+C】组合键，将它们打包到预合成里。使用同样的方法，制作圆圈一圈一圈地往外错开出现的动画，3个图层为一圈效果，一共需要制作6个这样的预合成，如图6-41所示。

图6-41 制作"过渡"预合成

（3）新建"线"合成，在其中新建一个形状图层，使用钢笔工具 绘制一条短线，为其添加"修剪路径"属性，制作短线从出现到消失的效果。然后复制该图层，一直复制到15层。选择所有图层，选择【关键帧辅助】→【序列图层】命令，将这些图层均匀地错开两帧，并将每一层的旋转参数都添加25°，让这些线围成一个圈。

2. 合成片尾动画

慕课视频

圆圈过渡动画制作完成后，即可合成片尾动画，具体操作如下。

（1）新建最终的"自媒体片尾"合成，将"过渡""线"合成拖曳到"自媒体片尾"合成中，复制"线"合成，给这两层"线"合成添加"填充"效果并修改颜色；最后进行旋转，错开线的出现时间。

合成片尾动画

（2）使用文本工具 在"合成"面板中输入文字Logo，制作Logo出现时的不透明度变化的动画。导入音效文件（配套资源：素材\第6章\音效\科技.mp3），添加音效，最后导出视频，如图6-42所示。

图6-42 合成片尾动画

❓ 思考与练习

1. 简述自媒体的特性。

2. 怎样根据自媒体动画内容选择合适的音乐？

3. 怎样让受众记住自媒体品牌？

4. 制作个人自媒体片头动画，效果如图6-43所示（配套资源：素材\第6章\Logo.ai）。

提示：通过位移和缓动帧制作方形和圆形的运动效果，利用蒙版制作中间的方形和圆形互切的效果，利用波纹效果制作分界线被影响的效果，使用粒子效果制作气泡效果，最后利用修剪路径制作Logo文字出现的效果（配套资源：效果\第6章\"个人自媒体片头文件夹"文件夹、个人自媒体片头.avi）。

动效预览

个人自媒体片头动画

图6-43 个人自媒体片头

Chapter

7

第7章
商业广告制作

我们讲
营销故事
和视觉故事

创意策划
机构

7.1 制作卡片群集动效

7.2 制作卡片合一动效

7.3 合成与导出卡片广告

<table>
<tr><td colspan="4" align="center">**学习导引**</td></tr>
<tr><td></td><td>**知识目标**</td><td>**能力目标**</td><td>**素质目标**</td></tr>
<tr><td>**学习目标**</td><td>1. 认识商业广告的类型
2. 掌握商业广告的制作流程
3. 了解制作商业广告时要规避的问题</td><td>1. 制作动态图形商业广告
2. 掌握在三维空间里设置图形动画的操作</td><td>1. 熟悉商业广告的制作思路
2. 培养更好的动效广告设计思维</td></tr>
<tr><td>**实训项目**</td><td colspan="3">制作创意营销广告</td></tr>
</table>

【项目策划】**制作动态图形商业广告**

慕课视频

商业广告制作

商业广告是经营者或者服务者以盈利为目的而制作的广告。商业广告可以是招贴、传单等印刷品，可以是广播、电台等音频，也可以是不同风格的视频。随着动态图形的应用越来越广泛，一些商业广告也开始应用这种新兴的表达形式。为了保证广告效果，需要先了解商业广告的基础知识，为后续制作合格的动态图形广告做准备。

【相关知识】

商业广告是产品促销的重要手段，旨在让用户了解广告内容并在脑海中留下印象，从而促成线下或线上交易。而新兴的商业广告内容表达方式，可以让商业广告脱颖而出，抓住用户眼球，从而达到营销目的。本章将结合插件、3D图层，以及灯光效果等知识，讲解动态图形制作的一些高阶方法，进一步扩展相关知识面。

1. 商业广告的类型

商业广告一般包含产品广告、劳务广告和形象广告3种。

● 产品广告。产品广告以销售为导向，主要展示产品的外观，介绍产品的质量、价格、使用方法、功能、品牌方及卖点等。这类广告会随着时间和年代的变换，以及产品的更新换代而更换广告内容，如图7-1所示。

● 劳务广告。劳务广告也称为服务广告，如以旅游、房屋搬迁、银行、酒店等内容为主的广告，主要目的是告知受众某一类服务，或在某一类服务中有值得选择的品牌，如图7-2所示。

图7-1 某手机产品广告

图7-2 银行广告

- 形象广告。形象广告是一种类似品牌宣传片的广告，旨在将品牌的相关信息有计划地传播给受众，从而提高品牌的知名度，树立良好的品牌形象，并且达到吸引合作的目的。

2. 商业广告的制作流程

掌握商业广告的制作流程可以让商业广告的制作过程更顺畅，一般有以下5个步骤。

- 沟通需求。当甲方有商业广告的制作需求时，会去找合适的乙方进行洽谈，沟通意向。达成合作意向之后，甲乙双方会各自成立项目组，对接该商业广告项目，并沟通具体的广告需求。

- 设计方案。乙方的项目组将根据甲方提供的资料和相关要求制作广告方案，包括前期策划，如广告风格、内容、时长，以及后期制作、投放等，也包括周期的估算和价格。一般乙方会给出2~3个方案供甲方选择。

- 开始制作。乙方根据最终确定的方案和合同，分期和分阶段制作广告内容，并分阶段将制作好的内容拿去与甲方沟通，双方确定阶段性制作成果；甲方给出相关调整意见，直至广告最终制作完成。

- 广告投放。广告制作完成，经甲方和相关人员验收合格之后，乙方即可将商业广告投放到电视和网络等平台上。

- 分析反馈。根据广告投放后收集回来的各类数据，分析广告投放效果，对内容进行更新，或根据反馈策划新一轮的商业广告。

3. 制作商业广告时要规避的问题

在制作商业广告时，还需要注意以下一些问题。

- 知识产权。商业广告中的文字、图片、音乐等内容，要有确切的版权来源，并获得了版权授权，不能剽窃或盗用他人的内容进行商业性质的创作，否则会造成侵权，给各方带来名誉上和金钱上的损失。

- 符合法律法规。商业广告中不能有侮辱或贬低性质的内容，不能出现不符合社会主义核心价值观的内容，也不能出现"最""第一""顶尖"等禁用词，总之要符合《广告法》中的相关条例。

【项目制作】

商业广告的目的是将广告内容推送给受众，让受众接受传达的广告内容，并实现营销目的。本项目制作的是一种劳务广告类型的商业广告，目的是通过该广告的宣传，向受众展示相关服务和水准，其最终效果如图7-3所示。

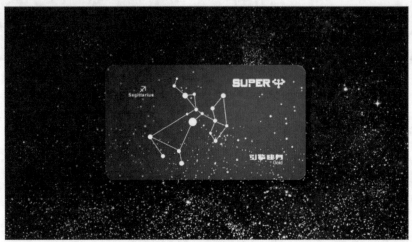

图7-3 商业广告

📷 7.1 制作卡片群集动效

3D图层、控制层和光源的使用是本项目的核心操作，其中涉及AE的基础操作，也涉及一些此前没有提及的操作，能锻炼读者在制作动效时对整个动画的掌控能力。

7.1.1 将卡片制作成3D元素

广告中有一段众多卡片从聚到散然后形成一个圈的3D动效，主要涉及3D图层的制作和使用。下面将卡片制作成3D元素，其具体操作如下。

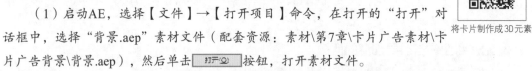

（1）启动AE，选择【文件】→【打开项目】命令，在打开的"打开"对话框中，选择"背景.aep"素材文件（配套资源：素材\第7章\卡片广告素材\卡片广告背景\背景.aep），然后单击 打开(O) 按钮，打开素材文件。

（2）在"项目"面板中单击面板下方的"新建文件夹"按钮，新建一个名为"Images"的文件夹，将素材文件夹中的图片素材（配套资源：素材\第7章\卡片广告素材\Images）都拖曳到该文件夹中，如图7-4所示。

（3）按【Ctrl+N】组合键，打开"合成设置"对话框，新建名为"card 1"的合成，设置预设为"HDV/HDTV 720 25"，宽度为"1280px"，高度为"720px"，帧速率为"25帧/秒"，持续时间为8秒08帧"，单击 确定 按钮，如图7-5所示。

（4）将"1.png"图片拖曳到"card 1"合成中，在"对齐"面板中分别单击"水平对齐"

按钮 和 "垂直对齐" 按钮 ，然后单击 "3D图层" 按钮 ，将图层转换为3D图层。按【P】键调出其位置属性，按住【Alt】键不放单击该属性左侧的 "秒表" 按钮 ，在右侧的表达式栏中输入 "value+[0,0,index]"，如图7-6所示。

图7-4 导入图片素材

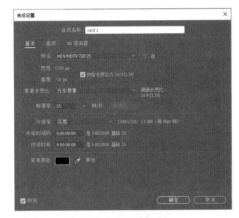

图7-5 新建合成

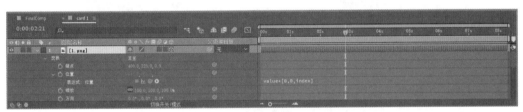

图7-6 将图层转换为3D图层并为其添加表达式

（5）选择 "1.png" 图层，按6次【Ctrl+D】组合键，复制6个图层，此时的图层属性如图7-7所示，每个图层在z轴方向的位置属性依次增加了1。

图7-7 新建图层

> **经验之谈**
>
> 　　使用表达式可以极大地提高工作效率。表达式"value+[0,0,index]"的用处是每复制一次图层，图层就会在相关属性的index值处加1，该表达式非常适用于批量制作有固定差异的序列图层。

　　（6）选择2号图层，在"效果和预设"面板的搜索框中输入"填充"，按【Enter】键找到"填充"效果，将其拖曳到选择的2号图层上。在"效果控件"面板中，设置"填充"效果的颜色为"E9CB82"，如图7-8所示。

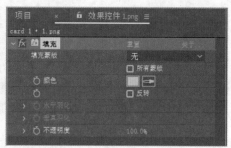

图7-8　填充图层

　　（7）选择"填充"效果，按【Ctrl+C】组合键复制该效果。然后选择3～6号图层，按【Ctrl+V】组合键将该效果复制到其余图层中，如图7-9所示。

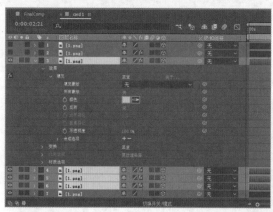
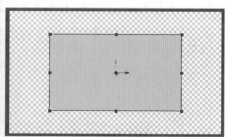

图7-9　复制填充效果

　　（8）使用同样的方法，新建"card 2"到"card 12"共11个合成，分别将对应编号的卡片放到这些合成中，并制作相关的3D素材，如图7-10所示。

　　（9）按【Ctrl+N】组合键新建合成，合成名称为"预合成2"，其余设置与"card 1"合成的一样。然后将12个卡片合成拖曳到"预合成2"合成中。

　　（10）将"项目"面板的"Image"文件夹中以"daf"开头的图片拖曳到"预合成2"合成中，并重命名为"星空"。按【Ctrl+Y】组合键，打开"纯色设置"对话框，设置名称为"黑色纯色"，设置颜色为"黑色"，单击 确定 按钮，如图7-11所示。

图7-10 创建"card 2"到"card 12"合成

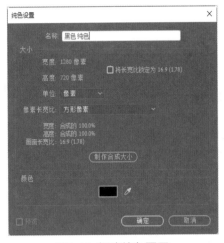

图7-11 新建纯色图层

（11）在"时间轴"面板中，将该图层的模式设置为"相加"，并将12个卡片合成的3D图层效果打开，如图7-12所示。

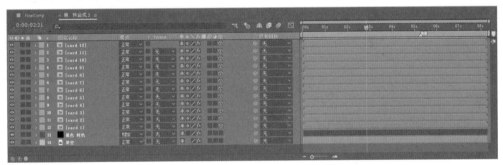

图7-12 设置图层模式和3D图层

7.1.2 通过控制层批量控制动画

动效元素的3D图层和背景图层制作完成后，即可制作控制图层，它主要用于统一控制动效，让动效按照一定的规律展开，具体操作如下。

（1）按2次【Ctrl+Alt+Shift+Y】组合键。新建两个"空对象"图层，将上方的"空对象"图层重命名为"控制层"，下方的"空对象"图层重命名为"空1"，并开启这些图层的3D图层效果，如图7-13所示。

图7-13 新建空对象图层

（2）新建"摄像机1"图层，设置目标点为"640.0,543.0,-86.0"，设置位置为"1053.5,

499.8，–2881.9"，关闭景深，设置缩放和焦距均为"2666.7像素"，设置光圈为"25.3像素"，如图7-14所示。

图7-14 设置摄像机

（3）选择"控制层"图层，在"效果和预设"面板中找到"滑块控制"效果，将该效果拖曳两次到"控制层"图层上，为其添加两个"滑块控制"效果，将效果分别重命名为"夹角旋转"和"轴心距离控制"。

（4）在"效果和预设"面板中找到"角度控制"效果，将该效果拖曳3次到"控制层"图层上，为其添加3个"角度控制"效果，将效果分别重命名为"x旋转""y旋转""z旋转"，如图7-15所示。

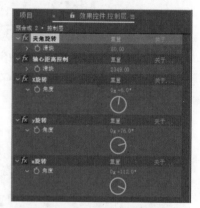

图7-15 添加控制效果

（5）设置"控制层"图层的位置属性的变换效果，在第0帧处设置参数为"103.0,625.0,1848.0"，在第1秒21帧处设置参数为"383.0,399.0,1748.0"，在第1秒22帧处设置参数为"461.0,788.0,1652.0"，在第2秒10帧处设置参数为"461.0,733.0,1666.0"，在第2秒23帧处设置参数为"461.0,621.0,1659.0"。

（6）设置缩放属性的变换效果，在第0帧处设置参数为"100.0%,100.0%,100.0%"，在第1秒21帧处设置参数为"113.0%,113.0%,113.0%"，在第1秒22帧处设置参数为"27.0%,27.0%,27.0%"，在第2秒10帧处设置参数为"64.0%,64.0%,64.0%"，在第2秒23帧处设置参数为"103.0%,103.0%,103.0%"，在第4秒12帧处设置参数为"169.0%,169.0%,169.0%"，在第5秒07帧处设置参数为"214.0%,214.0%,214.0%"。

（7）设置方向属性的变换效果，在第0帧处设置参数为"0.0°,20.0°,356.0°"，在第1秒21帧处设置参数为"0.0°,23.0°,0.0°"，在第1秒22帧处设置参数为"112.0°,327.0°,34.0°"，在第2秒10帧处设置参数为"157.0°,8.0°,0.0°"，在第2秒23帧处设置参数为"157.0°,115.0°,24.0°"，在第5秒07帧处设置参数为"167.0°,126.0°,20.0°"，如图7-16所示。

图7-16 设置基础动效参数

（8）设置"夹角旋转"的变换效果，在第0帧处设置参数为"80.00"，在第1秒21帧处设置参数为"80.00"，在第1秒22帧处设置参数为"0.00"，在第2秒10帧处设置参数为"21.00"，在第2秒23帧处设置参数为"30.00"，在第4秒12帧处设置参数为"27.00"，在第5秒07帧处设置参数为"22.00"。

（9）设置"轴心距离控制"的变换效果，在第0帧处设置参数为"2349.00"，在第1秒21帧处设置参数为"1762.00"，在第1秒22帧处设置参数为"0.00"，在第2秒10帧处设置参数为"1638.00"，在第2秒23帧处设置参数为"1662.00"，在第4秒12帧处设置参数为"1185.00"，在第5秒07帧处设置参数为"528.00"。

（10）设置"x旋转"的变换效果，在第0帧处设置参数为"+6.0°"，在第1秒21帧处设置参数为"−13.0°"，在第1秒22帧处设置参数为"+0.0°"，在第2秒10帧处设置参数为"+6.0°"，在第2秒23帧处设置参数为"−4.0°"，在第4秒12帧处设置参数为"−19.0°"，在第5秒07帧处设置参数为"−24.0°"。

（11）设置"y旋转"的变换效果，在第0帧处设置参数为"+76.0°"，在第1秒21帧处设置参数为"+30.0°"，在第1秒22帧处设置参数为"+120.0°"，在第2秒10帧处设置参数为"+160.0°"，在第2秒23帧处设置参数为"+178.0°"，在第4秒12帧处设置参数为"+223.0°"，在第5秒07帧处设置参数为"+313.0°"。

（12）设置"z旋转"的变换效果，在第0帧处设置参数为"+112.0°"，在第1秒21帧处设置参数为"+115.0°"，在第1秒22帧处设置参数为"+143.0°"，在第2秒10帧处设置参数为"+90.0°"，在第2秒23帧处设置参数为"+81.0°"，在第4秒12帧处设置参数为"+107.0°"，在第5秒07帧处设置参数为"+132.0°"，如图7-17所示。

图7-17 设置控制效果动效

（13）使用表达式将对应空图层的相关属性链接到"控制层"图层的控制效果属性上。选择"空 1"图层，将该图层的父级链接为"控制层"图层，展开该图层下方的属性，按住【Alt】键不放单击锚点属性左侧的"秒表"按钮，在右侧的表达式栏中输入"[0,0, thisComp.layer("控制层").effect("轴心距离控制")("滑块")]"。按住【Alt】键不放单击"Y轴旋转"属性左侧的"秒表"按钮■，在右侧的表达式栏中输入"(index−2)*thisComp.layer("控制层").effect("夹角旋转")("滑块")"，如图7-18所示。

图7-18 为相关属性添加对应的表达式

表达式控制效果需要与空图层配合使用，其中包含多种需要与表达式配合使用的控制效果，如除"滑块控制"和"角度控制"效果外的"点控制""颜色控制""复选框控制"等效果，在制作阵列动效时非常有用，且省时省力。只要与控制效果的属性类似，即可链接父级。

（14）选择"空 1"图层，按11次【Ctrl+D】组合键复制该图层。然后将"card 1"到"card 12"图层的父级分别链接为对应的空图层，如图7-19所示。

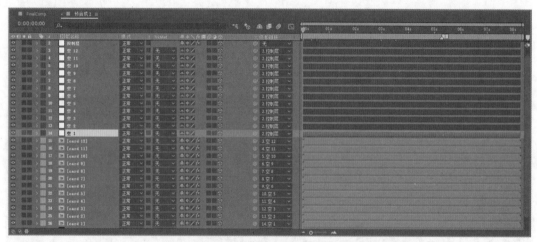

图7-19 复制空图层并进行父子关系链接

（15）选择"card 1"图层，展开变换属性，按住【Alt】键不放单击"X轴旋转"属性左侧的"秒表"按钮■，在右侧的表达式栏中输入"thisComp.layer("控制层").effect("X旋转")("角度")"。按住【Alt】键不放单击"Y轴旋转"属性左侧的"秒表"按钮■，在右侧的表达式栏中输入"thisComp.layer("控制层").effect("y旋转")("角度")"。按住【Alt】键不放单击"x轴旋转"属性左侧的"秒表"按钮■，在右侧的表达式栏中输入"thisComp.layer("控制层").effect("z旋转")("角度")"。

（16）为"card 1"图层添加"曲线"和"投影"效果，在"曲线"效果中将曲线左下角的控制点向上拖曳，以提亮暗部。在"投影"效果中设置投影的距离为"82.0"，设置柔和度为"412.0"，如图7-20所示。

图7-20 添加"曲线"和"投影"效果

（17）复制"曲线"和"投影"效果，将它们粘贴到"card 2"至"card 12"图层上。然后按照步骤（15）的操作，为"card 2"至"card 12"图层中的对应旋转属性添加同样的表达式，让所有卡片呈阵列模式运动，如图7-21所示。

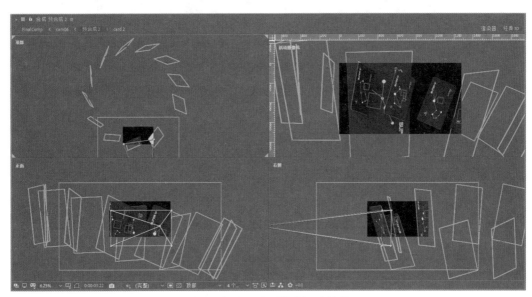

图7-21 卡片呈阵列模式运动的效果

7.1.3 添加光源效果

卡片群集动画效果制作完成后，还需要对卡片群集效果进行一些细节处理，例如添加光源效果，具体操作如下。

（1）按【Ctrl+N】组合键，在打开的"合成设置"面板中，新建名为"cam06"的合成，其余设置与新建"预合成2"合成的设置一致。将"预合成2"合成拖曳到新建合成中，并为其启用3D图层效果。

慕课视频

添加光源效果

（2）按【Ctrl+Shift+Alt+L】组合键，打开"灯光设置"对话框，设置名称为"环境光1"，灯光类型为"环境"，颜色为"白色"，强度为"64%"，单击 确定 按钮，新建"环境光1"灯光图层。

（3）按【Ctrl+Shift+Alt+L】组合键，打开"灯光设置"对话框，设置名称为"聚光1"，灯光类型为"聚光"，颜色为"白色"，强度为"100%"，锥形角度为"159°"，锥形羽化为"50%"，衰减为"平滑"，半径为"313"，衰减距离为"768"，单击 确定 按钮，新建"聚光1"灯光图层，如图7-22所示。

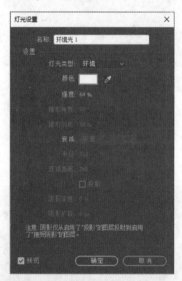

图7-22 添加环境光和聚光

（4）下面设置聚光光源的动效，在"时间轴"面板中展开"聚光1"图层的属性，设置方向参数为"0.0°,346.0°,0.0°"。设置目标点属性的动效，在第0帧处设置参数为"1227.3,2.0,–272.4"，在第1秒18帧处设置参数为"862.0,360.0,0.0"。

（5）设置位置属性的动效，在第0帧处设置参数为"933.7,85.6,–665.9"，在第1秒18帧处设置参数为"522.3,574.7,–444.4"，在第2秒08帧处设置参数为"522.3,317.7,–444.4"，在第2秒22帧处设置参数为"522.3,235.3,–444.4"，在第3秒15帧处设置参数为"522.3,321.7,–444.4"。

（6）设置强度属性的动效，在第0帧处设置参数为"321%"，在第1秒18帧处设置参数为"321%"，在第1秒20帧处设置参数为"224%"，在第3秒15帧处设置参数为"223%"，在第4秒21帧处设置参数为"161%"，如图7-23所示。

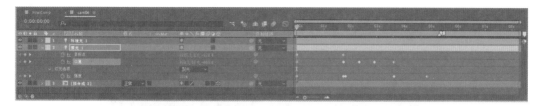

图7-23 设置聚光灯动效

📷 7.2 制作卡片合一动效

卡片群集动画效果完成后，还需要制作卡片合一的动效，并显示出Logo。

7.2.1 制作卡片合一效果

下面依次制作卡片合一效果，具体操作如下。

（1）新建"预合成3"合成，在"合成设置"对话框中设置开始时间码为"0:00:05:07"，持续时间为3秒，其余参数与前面新建合成的一致。将以"daf"开头的图片拖曳到该合成中，并重命名为"星空1"，然后复制一层并重命名为"星空2"。设置"星空1"图层的缩放为"55.0,55.0%"，设置不透明度为"29%"，设置位置为"640.0,360.0"，如图7-24所示。

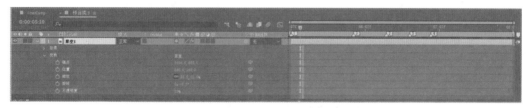

图7-24 设置"星空1"图层的基本属性

（2）为"星空1"图层添加"CC Environment""色相/饱和度""曲线"效果。在"CC Environment"效果控件中，设置Horizontal Pan属性为"125.0"；在"色相/饱和度"效果控件中，设置主色相为"159.0°"，主饱和度为"−56"；在"曲线"效果控件中，在通道中选择"红色"选项，在曲线调节框中单击红色曲线的中间位置不放并向上拖曳，调高红色的亮度，

After Effects动态图形与动效设计（全彩慕课版）

如图7-25所示。

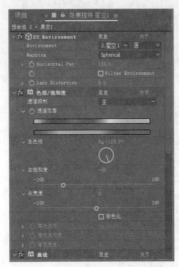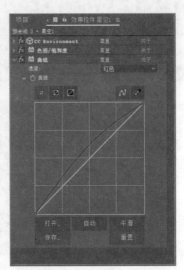

图7-25 为"星空1"图层设置预设效果

（3）选择"星空2"图层，为该图层添加"色相/饱和度"和"曲线"效果，在"色相/饱和度"效果控件中，设置主色相为"159.0°"，主饱和度为"-56"；在"曲线"效果控件中，在通道中选择"RGB"选项，在曲线调节框中单击白色曲线的中间位置不放并向右下方拖曳，降低整体亮度，如图7-26所示。

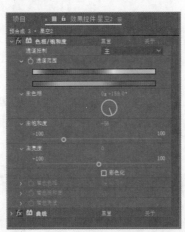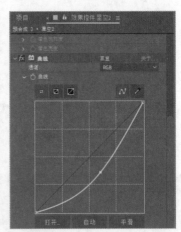

图7-26 为"星空2"图层设置预设效果

（4）新建"摄像机1"图层，设置目标点为"640.0,360.0,0.0"，位置为"640.0,360.0,-2666.7"。设置摄像机方向属性的动画，在第0帧处设置参数为"1.5°,355.0°,352.0°"，在第5秒15帧处设置参数为"0.0°,0.0°,0.0°"，如图7-27所示。

（5）将"card12"合成拖曳到"预合成3"合成中，开启该图层的3D图层效果和运动模糊效果。为该合成添加"曲线""投影""RSMB"效果。在"曲线"效果控件中将曲线的左下角的控制点向上拖曳，提亮暗部。在"投影"效果控件中，设置不透明度为"50%"，距离为

"24.0"，柔和度为"39.0"。在"RSMB"效果控件中，设置Motion Sensitivity的数值为"70.00"，如图7-28所示。

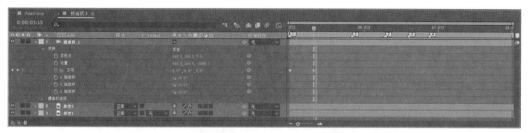

图7-27 设置摄像机动画

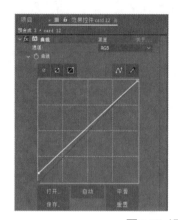 

图7-28 设置效果控件

（6）设置效果控件中其他相关属性的动效。设置"投影"效果控件中方向属性的动效，在第0帧处设置参数为"-72.0°"，在第6秒03帧处设置参数为"136.0°"；设置"RSMB"效果控件中Blur Amount的数值，在第6秒14帧处设置参数为"0.00"，在6秒22帧处设置参数为"3.00"，如图7-29所示。

图7-29 设置投影方向和运动模糊效果

（7）新建一个"空对象"图层，将其命名为"卡片控制"，开启该图层的3D图层效果和运动模糊效果。为"卡片控制"图层添加"滑块控制"效果。

（8）设置"卡片控制"图层的动效。先设置滑块属性，在第0帧设置参数为"-29.00"，在第6秒03帧处设置参数为"0.00"；设置位置属性，在第0帧处设置参数为"308.0,354.0, 26.0"，在第6秒03帧处设置参数为"384.0,232.0,26.0"；设置缩放属性，在第0帧设置参数为"167.0,167.0,167.0%"，在第6秒03帧设置参数为"80.0,80.0,80.0%"；设置"Y轴旋转"属性，在第0帧处设置参数为"-29.0°"，在第6秒03帧处设置参数为"0x+0.0°"；设置"Z轴旋转"属性，在第0帧处设置参数为"0x+100.0°"，在第6秒03帧处设置参数为"0x+0.0°"。

（9）在"card12"图层中，按住【Alt】键不放单击"Z轴旋转"属性左侧的"秒表"按钮，在右侧的表达式栏中输入"(index-2)*thisComp.layer("卡片控制").effect("滑块控制")("滑块")"。将"card12"图层的父级链接为"卡片控制"图层。然后复制两次"card12"图层，在第6秒22帧处按【Alt+]】组合键剪切掉后面的部分，并且将下两层往前拖曳7帧，形成时间差，如图7-30所示。

图7-30 添加表达式

（10）将"logo.png"图层拖曳到合成中，为其开启3D图层效果和运动模糊效果。添加"梯度渐变"和"RSMB"效果，在"梯度渐变"效果控件中设置渐变起点为"350.0,54.0"，起始颜色为"D1BCA8"；设置渐变终点为"674.0,110.0"，结束颜色为"D09665"，渐变形状为"径向渐变"。在"RMSB"效果控件中设置Blur Amount为"1.60"，Motion Sensitivity为"70.00"，如图7-31所示。

图7-31 设置Logo效果

（11）新建"空对象"图层，将其命名为"空"，开启该图层的3D图层效果和运动模糊效果，在该图层的"Y轴旋转"属性中设置运动效果，在第6秒14帧处设置参数为"0x+0.0°"，在第7秒04帧处设置参数为"4x+0.0°"。将"卡片控制"图层和"logo.png"图层的父级链接为该"空"图层。然后新建一个"底部粒子"合成，为其设置与"预合成3"合成一致的参数，如图7-32所示。

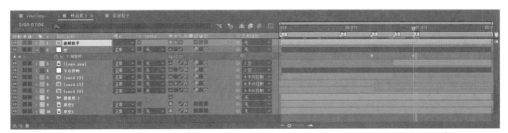

图7-32 新建"空对象"图层并链接父子关系

（12）双击"底部粒子"合成，进入该合成。新建纯色图层并命名为"底部粒子"，为该图层添加"Particular"和"发光"效果。在"Particular"效果控件中，设置Particles/sec为"2890"，Emitter Type为"Box"，Position为"636.0,760.0,0.0"，Velocity为"20.0"，Emitter Size X为"1634"，Emitter Size Y为"150"，Emitter Size Z为"150"，Life[sec]为"5.0"，Size为"2.0"，Size Random为"34.4%"，Opacity Random为"60.0%"，Color为"FAC37F"，Wind X为"335.0"，Wind Y为"−83.0"，Affect Position为"353.0"，Scale为"7.0"。

（13）在"发光"效果控件中，设置发光半径为"92.0"，发光颜色为"A和B颜色"，颜色A为"FFAE6D"，颜色B为"70310C"，如图7-33所示。

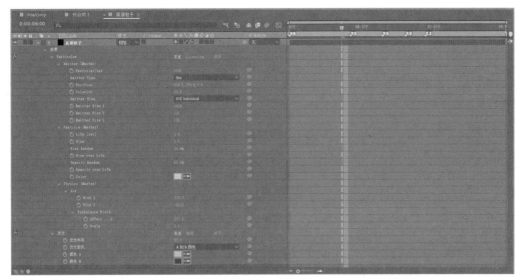

图7-33 设置底部粒子的发射和颜色效果

（14）复制两次"底部粒子"图层，设置图层模式为"相加"，对复制的两层粒子的发射数量和颜色等属性进行细微调整，让粒子的发射更随机和丰富，如图7-34所示。

图7-34 设置复制图层的粒子效果

（15）回到"预合成3"合成，按【T】键调出不透明度属性，在第0帧处设置不透明度为"0%"，在第5秒14帧处设置参数为"100%"。

（16）在"底部粒子"图层上单击鼠标右键，在弹出的快捷菜单中选择【时间】→【启用时间重映射】命令，调出"时间重映射"属性来设置动画，在第5秒07帧处、第7秒07帧处和第8秒07帧处各添加一个关键帧。然后在第8秒06帧处添加一个关键帧，设置时间重映射为"0:00:07:07"，如图7-35所示。

图7-35 设置时间重映射

7.2.2 制作光源跟踪效果

下面为该场景动画添加光源效果，具体操作如下。

（1）新建"cam07"合成，在"合成设置"对话框中设置开始时间码为"0:00:05:07"，持续时间为3秒，其余设置保持不变。将"预合成3"合成拖曳到该合成中，为其启用3D图层效果。新建"环境光1"图层，设置强度为"120%"。

（2）新建"摄像机1"图层，设置缩放为"2666.7像素"，焦距为"2666.7像素"，光圈为"25.3像素"，如图7-36所示。

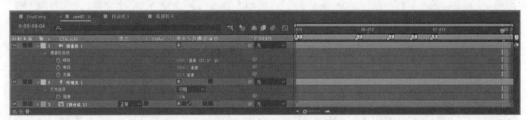

图7-36 设置环境光和摄像机

（3）新建"聚光1"图层，设置锥形角度为"180.0°"，设置锥形羽化为"100%"，衰减为"平滑"，半径为"317.0"，衰减距离为"768.0"，阴影深度为"0%"。

（4）设置聚光灯的运动效果，设置强度属性，在第5秒07帧处设置参数为"235%"，在第5秒22帧处设置参数为"271%"；设置位置属性，在第5秒07帧处设置参数为"554.3,306.7，−444.4"，在第6秒03帧处设置参数为"713.3,306.7，−444.4"。

（5）新建一个"空"图层，为其开启3D图层效果。为该图层的位置属性设置动画，在5秒07帧处设置参数为"437.0,418.0，−229.0"，在第6秒03帧处设置参数为"129.2,360.0，−111.0"，在第6秒12帧处设置参数为"832.2,370.1，−294.0"，在第6秒14帧处设置参数为"910.8,389.0，−225.4"，在第7秒04帧处设置参数为"0.0,562.9，−130.2"。选择这5个关键帧，按

【F9】键将它们转换为缓动帧。

（6）按住【Alt】键不放，单击"聚光1"图层中目标点属性左侧的"秒表"按钮■，在右侧的表达式栏中输入"thisComp.layer("空").transform.position"，将目标点的位置链接到"空"图层的位置上，如图7-37所示。至此，完成两个场景动画的制作。

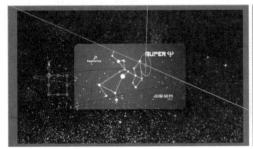

图7-37　制作聚光灯动画

📷 7.3　合成与导出卡片广告

完成两个场景动画后，即可将它们拖曳到最终合成中，进行合成、配音和导出处理。

慕课视频

7.3.1　合成最终画面

下面进行广告的最终合成，具体操作如下。

合成最终画面

（1）在"时间轴"面板中切换到最终的"FinalComp"合成，在"项目"面板中将"cam06"合成拖曳到"FinalComp"合成中，并置于最顶层。

（2）选择"cam06"图层，将时间指示器拖曳到第9秒20帧处，然后按【 [】键，将该图层的左端对齐到该时间指示器所在位置。接着将时间指示器拖曳到第15秒01帧处，按【Alt+】】组合键剪切掉后面的部分，如图7-38所示。

（3）将"cam07"合成拖曳到"FinalComp"合成中，并置于最顶层。选择"cam07"图层，将时间指示器拖曳到第15秒02帧处，然后按【 [】键，将该图层的左端对齐到该时间指示器所在位置，如图7-39所示。

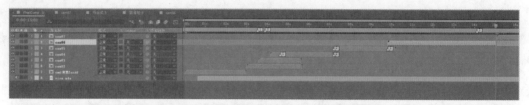

图7-38 将"cam06"合成拖入最终合成

图7-39 将"cam07"合成拖入最终合成

（4）将时间指示器定位到第14秒03帧处，即合成标记3所在的位置，双击合成标记3左下角的
⌂按钮，打开"合成标记"对话框，在"注释"文本框中输入文本"卡片散开"，单击 确定 按
钮，如图7-40所示。此时"时间轴"面板中的合成标记的注释名由"3"变为"卡片散开"。

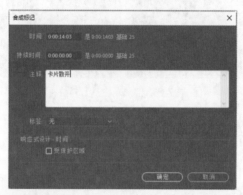

图7-40 设置合成标记的注释

经验之谈

在时间轴上的标记为合成标记，在图层上的标记为图层标记。单击时间轴中时间标尺
最右侧的"合成标记素材箱"按钮▣不放并向左拖曳，即可在时间标尺上添加一个合成标
记，合成标记主要用于标记合成中的关键节点。选择图层，将时间指示器拖曳到要在图层
上添加图层标记的位置，按【*】键，即可在图层上添加一个图层标记，它也用于标记关键
节点，用法与合成标记一致。

（5）选择"cam02"图层，按【J】键和【K】键将时间指示器定位到该图层的图层标记上，在该标记上单击鼠标右键，在弹出的快捷菜单中选择"删除此标记"命令，即可删除该图层标记。

（6）选择"cam03"图层，在该图层的图层标记上单击鼠标右键，在弹出的快捷菜单中选择"删除所有标记"命令，即可删除该图层的所有标记，如图7-41所示。

图7-41 删除图层标记

经验之谈

按【J】键可定位到上一个图层标记点，按【K】键可定位到下一个图层标记点。按主键盘上的数字键可定位到对应数字的合成标记上。

7.3.2 添加音效并导出

下面将添加音效并导出，完成商业广告的制作，具体操作如下。

（1）将"项目"面板中的"visa.m4a"音频文件拖曳到"FinalComp"合成中，并置于最底层。

（2）选择"visa.m4a"音频图层，将时间指示器定位到第16帧处，按【[】键，将该图层的左端对齐到该时间指示器所在的位置，如图7-42所示。按空格键，预览整个视频效果。

慕课视频

添加音频并导出

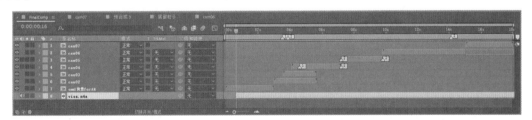

图7-42 添加音频图层

（3）选择【文件】→【导出】→【添加到渲染队列】菜单命令，打开"渲染队列"面板，单击"输出到"右侧的"尚未选定"文本，在弹出的对话框中选择文件保存位置和保存名称，然后单击 渲染 按钮进行渲染输出，并将文件保存为文件夹（配套资源：效果\第7章\"卡片广告文件夹"文件夹、卡片广告.avi），如图7-43所示。

191

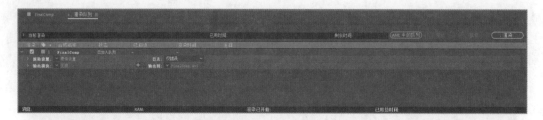

图7-43 渲染并输出

 项目实训——制作创意营销广告

⊛ 项目要求

本项目将利用基础图形和文字，以及AE的合成功能，制作视觉效果比较潮流的营销广告视频，要求各图形和文字的动效过渡自然。

⊛ 项目目的

本项目制作的营销广告效果如图7-44所示（配套资源：效果\第7章\创意机构广告文件夹、创意机构广告.avi），该动效的制作思路为：通过有冲击力和节奏感的文字、音乐吸引受众的注意，然后通过图形组合及文字介绍创意机构的营销内容，说明创意机构的业务范畴。本项目可帮助读者进一步熟悉图形和文字动效的制作流程。

⊛ 项目分析

创意机构一般会以独具创意和不带有行业性质的广告来达到宣传效果。这需要设计师非常熟悉图形和文字的运动规律，掌握用简单的图形和文字制作出吸引受众内容的方法。

本项目主要涉及图形和文字的动效，以及场景间的切换，因此需要重点考虑图形和文字的出现顺序、出现方式，文字和动效对受众的引导，场景的衔接，动效节奏的把握等。在制作过程中可以借鉴其他类似的创意机构的广告案例，研究分析这些广告案例的优劣，直至做出满意的创意营销广告。

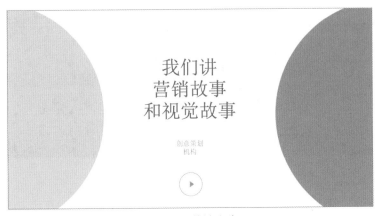

图7-44 营销广告

动效预览

创意营销广告

项目思路

（1）策划内容。创意营销机构会根据服务行业的不同制定不同的定位，一般由自己的设计团队来把控风格，设计团队可根据机构进行内容策划，制定文案。

（2）绘制分镜脚本。文案制定好后，即可开始绘制分镜脚本，层层递进地讲述创意营销机构的品牌故事。

（3）开始制作。分镜确定好后即可制作具体内容，根据分镜脚本的设计制作元素的显示、消失，以及画面的切换效果，可将每个分镜都制作成一个预合成。

（4）渲染输出。添加背景音乐素材，并根据音乐节奏调整最终的合成效果，确认无误后渲染输出。

慕课视频

制作创意营销广告

项目实施

本项目中的动画操作都是一些比较基础的操作，重在对基础视觉图形进行组合使用，以及对颜色搭配进行练习，具体操作如下。

（1）新建"创意机构广告"工程文件，设置宽度为"3840px"，高度为"2160px"，帧速率为"29.97帧/秒"，预设为"UHD 4K 29.97"，持续时间为1分10秒。然后新建名称为"分镜1"的合成，设置持续时间为5秒，其余参数保持默认设置。

（2）进入"分镜1"合成中，使用形状工具绘制背景图层，并使用钢笔工具 绘制粗细不同的线条元素，每个元素占一个单独的图层。使用文本工具 在合成中绘制文本框，并输入不同的文本。

（3）新建调整图层，在调整图层中设置不同的运动方式，然后将运动方式相同的图形或文本所在的图层链接到对应的调整图层中，如图7-45所示。

图7-45 制作分镜10预合成

（4）使用同样的方法，制作其他分镜的动画内容，一直做到"分镜16"合成。新建调整图层，添加色彩调整控件，调整画面色彩。然后添加背景音乐（配套资源：素材\第7章\创意.mp3），调整画面节奏，如图7-46所示。最后渲染输出，并将文件保存为文件夹（配套资源：效果\第7章\"创意机构广告文件夹"文件夹、创意机构广告.avi）。

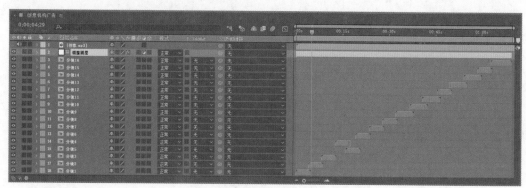

图7-46 合成并导出

 思考与练习

1. 如何理解AE中的3D坐标系。

2. 提升商业广告画面空间感的方法有哪些？

3. 制作"餐饮广告"动态视频，效果如图7-47所示（配套资源：素材/第7章/食物01.jpg、食物02.jpg、食物03.jpg、餐饮.mp3）。

图7-47 餐饮广告

提示：通过"湍流置换""CC Bend It"等效果制作图形的细节效果；通过位置、缩放、不透明度属性制作图形出现的不同动效；通过调整图层和表达式控制图层的运动规律（配套资源：效果\第7章\"餐饮广告文件夹"文件夹、餐饮广告.avi）。

动效预览

餐饮广告

Chapter 8

第8章
栏目包装制作

8.1 制作栏目片头背景元素

8.2 制作栏目片头主视觉元素

8.3 合成最终栏目片头动画

<table>
</table>

	学习导引		
	知识目标	**能力目标**	**素质目标**
学习目标	1. 了解栏目类型 2. 了解栏目包装要素 3. 熟悉栏目包装的制作流程和思路	1. 制作新闻栏目包装片头动画 2. 能够更好地掌握各种不同效果在动态图形设计中的应用	1. 提高对栏目包装制作的兴趣 2. 培养对不同类型动效应用的能力
实训项目	制作娱乐节目包装		

慕课视频

栏目包装制作

【项目策划】制作新闻栏目包装片头动画

随着电视的出现和各个频道的兴起，各电视频道之间的竞争日益激烈。面对竞争，各频道需要赢得市场，树立良好的品牌形象。为求生存和发展，各频道开始推出自己的栏目。为了突出栏目的调性，传媒从业人员需要对栏目进行包装，如语言、音乐、音效等声音包装，以及画面、动画和颜色等图像包装，两者共同包装了栏目的视听体系，以突显栏目的个性和特色。

【相关知识】

随着网络中各大视频平台的兴起，栏目不再只存在于电视上，各大视频平台也在推出自己的栏目，这些栏目满足了当下人们的精神需求，弥补了市场的空缺，呈现出百家齐放的景象，也使栏目包装极具个性化。了解栏目和栏目包装相关知识，能为栏目包装的制作打下理论基础。

1. 栏目类型

根据人们的需求，栏目类型大致分为新闻类栏目、教育类栏目、文艺类栏目、体育类栏目、服务类栏目5种。

● 新闻类栏目。新闻类栏目包括口播新闻、录像新闻、专题新闻，以及访谈新闻、调查新闻等栏目，是对正在或新近发生的事实的报道。这类栏目可通过不同的方式，传播各类信息，满足人们了解国内外大小事的需求。

● 教育类栏目。教育类栏目包括文化教育类、社会教育类等栏目，即知识性的栏目，内容包括理论教育、学科教育，以及思想方面的教育等。

● 文艺类栏目。文艺类栏目包括晚会节目及各种艺术性、娱乐性栏目，如音乐、戏曲、舞蹈、杂技、电影和绘画等，他们不再是单纯的艺术形态，而是一种需要配合电视传播的、新的艺术形式。

● 体育类栏目。体育类栏目包括体育比赛、体育新闻、体育知识、体育欣赏、健身健美等栏目。

● 服务类栏目。服务类栏目包括衣食住行、卫生保健、就业、征婚、气象、交通、旅游、购物、烹饪、家庭工艺和房间布置等栏目，即为人们的日常生活提供信息和服务的栏目。

2. 栏目包装要素

栏目包装要遵循栏目内容和调性要求，其要素包括形象标志、颜色和声音等。

● 形象标志。无论是电视频道还是视频平台中的栏目，一般都有形象标志，这是栏目包装的基本要素之一。根据栏目属性的不同，形象标志也会有所不同，但这个形象标志一般会贯穿栏目始终，如片头、片尾，以及中间插播广告等。好的形象标志能让观众印象深刻，对栏目产生好感。同时形象标志能起到推广和强化栏目或频道的作用，因此，形象标志需要简洁明了、特点突出，并能体现栏目特色，如图8-1所示。

图8-1 形象标志

● 颜色。颜色是栏目包装的基本要素之一，它要与整个栏目或频道的主色调相统一，能保持节目、栏目、频道的风格，或给出有效的补充。

● 声音。声音包括语言、音乐、音效等元素，它在栏目包装中起着非常重要的作用，好的栏目包装的声音应该与栏目的形象标志、颜色匹配，形成一个有机的整体，使人们听到栏目声音就能够想到该栏目。

3. 栏目包装制作流程

栏目包装制作与广告制作一样，也有一定的制作流程，遵循这些制作流程，可严格控制栏目包装的制作时间。

● 沟通和了解需求，确定策划方案。组建制作组，针对项目内容和具体需求进行协商，拟定主体和细节。制作组和创意人员做出初期创意脚本方案。方案得到认可后可召开会议进行沟通，制作出详细策划文案，经过不断的沟通最终确定策划方案。

● 开始制作。根据策划方案正式制作栏目包装，制作过程中每个环节都必须由各部门验收确认签字后，方才进行下一阶段的制作，制作完成后再进行剪辑合成，完成后期编辑。

● 制作完成。在规定日期内将未经剪辑修改的原片提交进行初审，并根据修改意见进行修改，最终制作完成并确认，总结备案。图8-2所示为制作完成后的栏目包装。

图8-2　栏目包装

【项目制作】

动效预览

新闻栏目包装片头

新闻栏目包装的核心是反映新闻内容，重点在对整体包装风格和调性的把握。新闻栏目片头风格要严肃，因此音乐节奏也要紧凑严肃。本项目制作的新闻栏目包装片头动画，主要通过制作旋转地球来展示新闻内容的国际化，并营造一种空间感，最终效果如图8-3所示。

图8-3　新闻栏目包装片头动画

8.1　制作栏目片头背景元素

为了营造空间感，可以先制作用于营造空间的元素，如背景和地面，再模拟三维空间，提高对全局的把控能力和空间理解能力。

8.1.1 制作背景墙和地面

在制作栏目包装时，一般会先手绘草稿，然后根据手绘草稿在AE中制作相应的元素。制作背景中的背景墙和地面，具体操作如下。

（1）启动AE，新建"新闻40分"项目，然后按【Ctrl+N】组合键，新建"最终"合成，设置宽度为"1280px"，高度为"720px"，帧速率为"25帧/秒"，持续时间为10秒，背景颜色为"黑色"。

（2）按【Ctrl+N】组合键，新建"背景"合成，保持与上一个合成相同的设置。将"land_ocean_ice_2048-黑白.jpg"文件拖曳到"背景"合成中（配套资源：素材\第8章\land_ocean_ice_2048-黑白.jpg），设置图片图层的位置属性为"640.0,378.0"，设置缩放属性为"53.0,53.0%"。为图片图层添加"色阶"效果，在"色阶"效果控件中设置输入白色为"63.0"，如图8-4所示。

（3）在"时间轴"面板的空白处单击鼠标右键，在弹出的快捷菜单中选择【新建】→【纯色】命令，打开"纯色设置"对话框，设置颜色为"000C90"。然后设置图片图层的缩放属性为"81.0,81.0%"。

（4）为图片图层添加"梯度渐变"效果，在"梯度渐变"效果控件中设置渐变起点为"692.0,100.0"，渐变终点为"888.0,1004.0"，起始颜色为"0A0800"，结束颜色为"EDC300"，渐变形状为"线性渐变"，渐变散射为"38.8"，如图8-5所示。

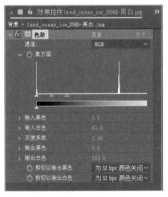

图8-4 设置"色阶"效果　　　　图8-5 设置"梯度渐变"效果

（5）按【Ctrl+Y】组合键打开"纯色设置"对话框，设置颜色为"2160E0"，然后设置该图层的缩放属性为"81.0,81.0%"。为该图层添加"百叶窗"效果，设置过渡完成为"89%"，方向为"0x+90.0°"，宽度为"69"，如图8-6所示。

（6）在"时间轴"面板中，将"深 蓝色 纯色1"图层拖曳到图片图层的下方，设置其遮罩为"亮度反转遮罩[land_ocean_ice_2048-黑白.jpg]"。设置"品蓝色 纯色 1"图层的模式为"经典颜色减淡"，如图8-7所示。

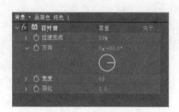

图8-6 设置"百叶窗"效果　　　　　　　图8-7 设置图层遮罩和模式

（7）按【Ctrl+N】组合键，新建"背景墙"合成，保持默认设置。在"项目"面板中，将"背景"合成拖曳到"背景墙"合成中，然后设置其缩放属性为"105.0,105.0%"，如图8-8所示。

（8）为"背景"图层添加"光学补偿"效果，设置视场(FOV)为"71.4"，勾选"反转镜头扭曲"复选框，设置FOV方向为"水平"，设置视图中心为"640.0,468.0"，如图8-9所示。

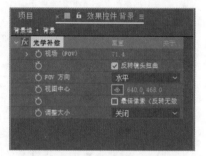

图8-8 创建"背景墙"合成　　　　　　　图8-9 设置"光学补偿"效果

（9）切换到"最终"合成，将"背景墙"合成拖曳到其中，并设置其位置为"636.0,268.0"。新建纯色图层，将其重命名为"地面"，并设置其位置为"691.6,566.4,0.0"，缩放为"283.0,283.0,283.0%"，X轴旋转为"0x+90.0°"，Y轴旋转为"0x-1.0°"。

（10）为该图层添加"梯度渐变"效果，在"梯度渐变"效果控件中设置渐变起点为"702.0,-36.8"，渐变终点为"568.8,469.5"，起始颜色为"0A0800"，结束颜色为"EDC300"，渐变形状为"径向渐变"，渐变散射为"38.8"。

（11）选择"地面"图层，使用钢笔工具 在"合成"面板中的显示区域下方绘制一个椭圆形，此时将在"地面"图层中出现了"蒙版1"属性，设置蒙版羽化为"328.0,328.0像素"，模式为"相加"，如图8-10所示。

高手点拨

无论是制作栏目包装还是制作宣传广告，只要在前期绘制好分镜画面、设计好画面元素，在制作动画时就能快速厘清元素之间的动画层级关系。

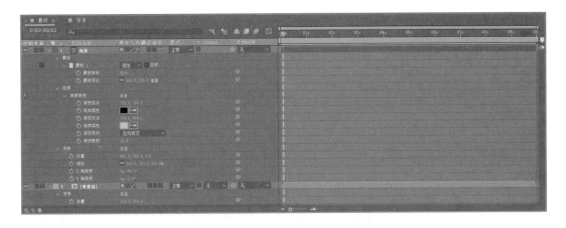

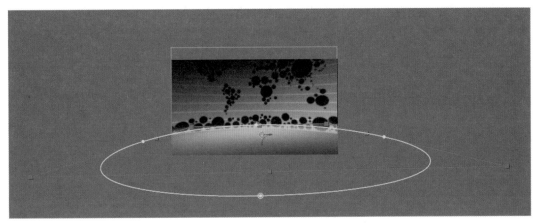

图8-10 设置"梯度渐变"效果和蒙版

8.1.2 制作电波动效

背景墙和地面制作完成后，需要再添加一个效果更强的元素来区分空间，使空间感更强，并且这个元素要与之后制作的地球效果相对应，具体操作如下。

（1）按【Ctrl+N】组合键，新建"电波"合成，保持与上一个合成相同的设置。在合成中新建纯色图层，设置颜色为"FFEA00"，为图层添加"无线电波"效果。

（2）在"时间轴"面板中，展开纯色图层下方的属性，按住【Alt】键不放单击扩展属性左侧的"秒表"按钮，在右侧的表达式栏中输入"wiggle(2,20)"，设置寿命(秒)为"2.000"。

（3）按住【Alt】键不放单击开始宽度属性左侧的"秒表"按钮，在右侧的表达式栏中输入"wiggle(20,50)"；再按住【Alt】键不放单击末端宽度属性左侧的"秒表"按钮，在右侧的表达式栏中输入"wiggle(20,50)"，如图8-11所示。

图8-11 设置"无线电波"效果

（4）选择"黄色 纯色 1"图层，按【Ctrl+D】组合键复制图层，展开复制图层的属性，将开始宽度属性右侧表达式栏中的表达式更改为"wiggle(2,60)"，如图8-12所示。

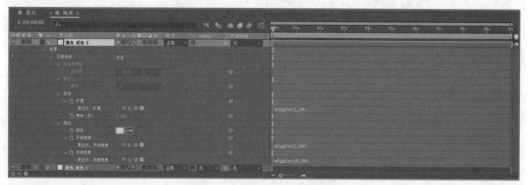

图8-12 更改"电波"属性

（5）回到"最终"合成，将"电波"合成拖曳到该合成中，并置于顶层，开启该图层的3D图层效果，在"合成"面板中，拖曳"电波"到合适位置并设置大小，设置其位置为"400.1,563.9,0.0"，缩放为"161.0,161.0,161.0%"，X轴旋转为"0x+90.0°"，Y轴旋转为"0x-1.0°"。

（6）选择"电波"图层，使用椭圆工具 ⬭ 在"合成"面板中为无线电波绘制一个蒙版，在"时间轴"面板中设置蒙版的模式为"相加"，蒙版羽化为"66.0,66.0像素"，如图8-13所示。

图8-13 设置电波位置并添加蒙版

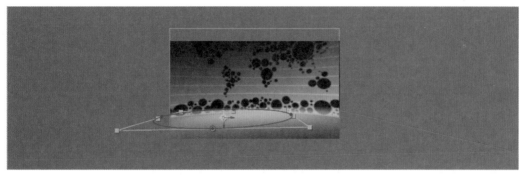

图8-13 设置电波位置并添加蒙版（续）

8.1.3 调整空间背景

此时背景画面的整体效果偏暗，需要添加调整图层来增加亮度，并为电波设置羽化消失的效果，具体操作如下。

（1）在"时间轴"面板中新建"调整图层1"，为该图层添加"发光"效果，设置发光阈值为"22.4%"，发光半径为"127.0"，发光强度为"0.4"，颜色循环为"1.4"，色彩相位为"−7.0°"，颜色A为"FBE78E"；并将变换属性下的不透明度设置为"81%"。

（2）选择该调整图层，使用椭圆工具 在"合成"面板中为电波绘制一个蒙版，在"时间轴"面板中设置蒙版的模式为"相加"，蒙版羽化为"378.0,378.0像素"，如图8-14所示。

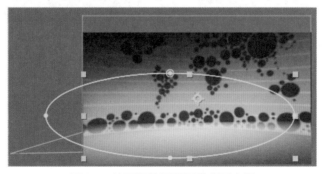

图8-14 使用调整图层调整背景空间

📷 8.2 制作栏目片头主视觉元素

下面开始制作栏目片头的主视觉元素，包括一个旋转的地球、新闻的播出时间等。

8.2.1 制作旋转地球

下面制作主视觉元素中的旋转地球，具体操作如下。

（1）新建"地球底色"合成，将"Smudge_720.jpg"素材文件（配套资源：素材\第8章\Smudge_720.jpg）拖曳到该合成中，设置位置为"638.0，412.0"，缩放为"102.0,115.0%"，不透明度为"30%"。

（2）为图片图层添加"线性擦除"效果，设置过渡完成为"56%"，羽化为"106.0"；再为其添加"极坐标"效果，设置转换类型为"极线到矩形"，如图8-15所示。

图8-15 设置图片的不透明度并添加效果

（3）选择图片图层，按【Ctrl+D】组合键复制一层，将复制图层的位置改为"638.0,284.0"，缩放改为"102.0,−122.0%"。新建纯色图层"深 蓝色 纯色 3"，设置其颜色为"18266B"，图层模式为"颜色减淡"，如图8-16所示。

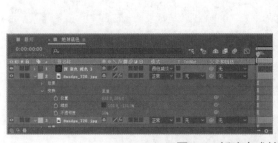

图8-16 新建合成并调整缩放比例

（4）新建"反光贴图"合成，将"probe.jpg"素材文件（配套资源：素材\第8章\probe.jpg）拖曳到该合成中，确认时间指示器位于第0帧的位置，设置位置为"719.0,360.0"。复制该图层，设置其位置为"2155.0,360.0"，缩放为"−100.0,100.0%"。

（5）选择最底层的"probe.jpg"图层，单击其位置属性左侧的"秒表"按钮 🔘，在第0帧处添加一个关键帧，然后将时间指示器定位到第3秒14帧处，设置位置为"−713.0,360.0"，在该

位置再添加一个关键帧。选择最上层的"probe.jpg"图层，设置该图层的"父级和链接"为
"2.probe.jpg"，如图8-17所示。

图8-17 设置反光贴图

（6）新建调整图层，为该图层添加"高斯模糊"效果，设置模糊度为"11.0"，如图8-18
所示。

图8-18 设置模糊度

（7）新建"反光"合成，将"反光贴图"合成拖曳到该合成中，为"反光"合成添加
"CC Sphere"效果，设置Reflective为"100.0"。按住【Alt】键不放单击Rotation Y左侧的"秒
表"按钮，在右侧的表达式栏中输入"time*30"，如图8-19所示。

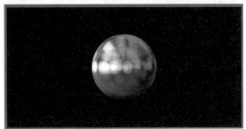

图8-19 设置"CC Sphere"效果

（8）新建纯色图层，设置其颜色为"18266B"。使用椭圆工具在"合成"面板中的地

球上绘制一个等大的蒙版，设置蒙版的模式为"相加"，蒙版羽化为"59.0,59.0像素"。然后设置"反光贴图"合成的遮罩为"Alpha反转遮罩'深蓝色 纯色4'"，如图8-20所示。

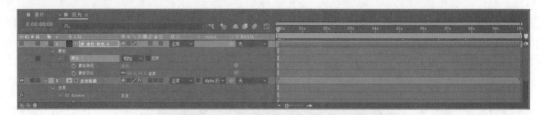

图8-20 添加蒙版并设置遮罩

（9）新建"地球"合成，将"地球底色"合成拖曳到该合成中，设置其不透明度为"88%"，并为其添加"CC Sphere"效果，设置Light Intensity为"106.0"，Light Height为"–46.0"，Light Direction为"0x–33.0°"，Ambient为"148.0"，Specular为"14.0"，Roughness为"0.019"，Metal为"11.0"，Reflective为"60.0"。

（10）按住【Alt】键不放单击"Rotation Y"左侧的"秒表"按钮，在右侧的表达式栏中输入"time*30"，如图8-21所示。

图8-21 新建合成并添加效果与表达式

（11）复制该合成，设置其模式为"屏幕"，将"CC Sphere"效果中的Render改为"Outside"，设置Light Intensity为"476.0"，Light Height为"10.0"，Light Direction为"0x–45.0°"，Ambient为"94.0"，Diffuse为"49.0"，Roughness为"0.186"，Metal为"0.0"，Reflection Map为"2.地球底色"，如图8-22所示。

图8-22 复制图层并调整参数

（12）将"反光"合成拖曳到"地球"合成中，设置不透明度为"64%"，模式为"相加"；并为其添加"曲线"效果，在"效果控件"面板中调整曲线，如图8-23所示。

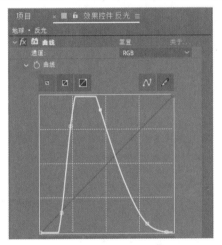

图8-23 调整曲线

（13）新建调整图层，为该图层添加"曲线"效果，调整不同通道的曲线；为该图层添加"色调"效果，保持默认参数；再为该图层添加"曲线"效果，调整该效果的曲线，如图8-24所示。

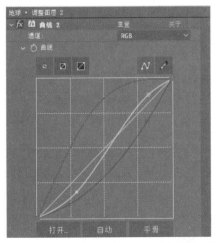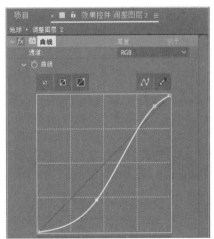

图8-24 新建调整图层并为其设置调整效果

8.2.2 制作外圈效果

下面制作浮动在外层的地图版块效果，具体操作如下。

（1）新建"外圈"合成，将"land_ocean_ice_2048-黑白.jpg"素材文件拖曳到该合成中，为该图层添加"色阶"效果。

慕课视频

制作外圈效果

（2）在"效果控件"面板中调整色阶的直方图，调整输入白色的参数为"12.0"，其余参数保持不变，如图8-25所示。

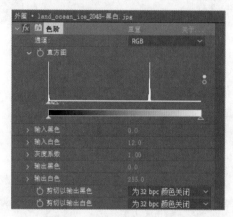

图8-25 添加"色阶"效果

（3）新建"红色 纯色1"纯色图层，设置其颜色为"FF3E00"，将该图层拖曳到图片图层下方，并设置纯色图层的遮罩模式为"亮度遮罩'[land_ocean_ice_2048-黑白.jpg]'"，如图8-26所示。

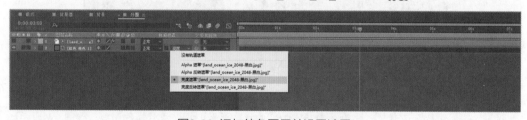

图8-26 添加纯色图层并设置遮罩

8.2.3 制作时间素材

下面制作新闻栏目片头中文本的动态效果，具体操作如下。

慕课视频

制作时间素材

（1）新建"具体时间"合成，选择横排文字工具，在"合成"面板中输入文本"7:20"，在"字符"面板中设置该文本的字体为"思源宋体"，字号为"189像素"，垂直缩放为"125%"，位置为"714.0,356.0"。

（2）选择【图层】→【图层样式】→【渐变叠加】命令，为图层添加"渐变叠加"图层样式，单击颜色属性右侧的"编辑渐变"文字，打开"渐变编辑器"对话框，添加4个色标，设置第1个色标的色值为"FFD265"，第2个色标的色值为"D66825"，第3个色标的色值为"F6E58A"，第4个色标的色值为"C2753C"，如图8-27所示，单击 确定 按钮。

（3）选择【图层】→【图层样式】→【斜面和浮雕】命令，为图层添加"斜面和浮雕"图层样式，在该图层属性下，设置样式为"枕状浮雕"，设置深度为"67.0%"，设置大小为"2.0"，将使用全局光设置为"开"，设置高度为"0x+34.0°"，设置加亮颜色为"64520B"，设置高光不透明度为"100%"。

（4）选择【图层】→【图层样式】→【投影】命令，为图层添加"投影"图层样式，在该图层属性下，设置投影的颜色为"785400"，如图8-28所示。

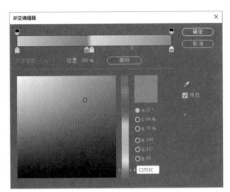

图8-27 设置"渐变叠加"图层样式

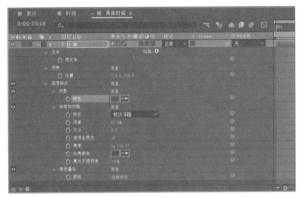

图8-28 设置图层样式

（5）新建"时间"合成，将"具体时间"合成拖曳到新建合成中，复制"具体时间"图层，为该图层添加"高斯模糊"效果，设置模糊度为"40.0"。再为该图层添加"曲线"效果，调整曲线，如图8-29所示。

（6）使用椭圆工具 在"合成"面板中的数字顶部绘制一个椭圆形蒙版，设置蒙版羽化为"270.0,270.0像素"，设置模式为"相加"，如图8-30所示。

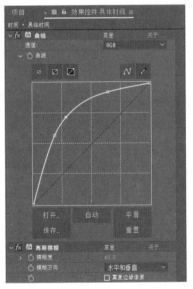

图8-29 调整"高斯模糊"和"曲线"效果

图8-30 绘制蒙版

8.2.4 制作词条素材

慕课视频

制作词条素材

下面制作词条素材，以展示栏目的时长，具体操作如下。

（1）新建"新闻40分"合成，选择横排文字工具，在"合成"面板中输入文本"新闻40分"，设置文本字体为"宋体"，字号为"50像素"，位置为"638.0,427.0"。

（2）在面板中输入文本"NEWS 40'"，设置文本字体为"宋体"，字号为"50像素"，颜色为"FFEF00"，位置为"882.0,427.0"，如图8-31所示。

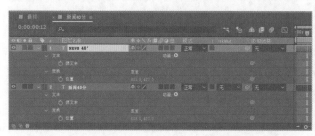

图8-31 输入并设置文本

（3）在"新闻40分"合成中新建纯色图层，将该纯色图层拖曳到"时间轴"面板的最底层，并为该图层添加"梯度渐变"效果。展开该纯色图层的属性，在"效果控件"面板中设置渐变起点为"864.0,406.0"，起始颜色为"1044AD"，渐变终点为"631.0,403.0"，结束颜色为"2B71FC"。

（4）使用矩形工具在"合成"面板中沿着"新闻40分"文本绘制蒙版，设置蒙版模式为"相加"，并设置变换属性中的位置为"640.0,359.0"，如图8-32所示。

图8-32 设置"梯度渐变"效果并添加蒙版

（5）复制该纯色图层，在复制的纯色图层中，设置起始颜色为"2075DC"，结束颜色为"33C1F2"，位置为"880.0,359.0"，如图8-33所示。

经验之谈

为图层添加效果后，除了能在"效果控件"面板中选择相应的效果进行设置，也可在"时间轴"面板中展开图层的属性，在其中设置相应的效果，特别是有动态变化的效果，在"时间轴"面板中进行设置十分方便。

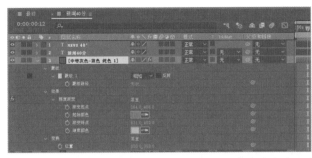

图8-33 更改渐变颜色和蒙版位置

8.3 合成最终栏目片头动画

所有素材都制作完成后，即可在"最终"合成中合成栏目片头动画，制作出新闻片头的最终效果。

8.3.1 将元素最终合成

下面将制作好的元素合成到"最终"合成中，具体操作如下。

（1）切换到"最终"合成，在"项目"面板中找到"地球"合成，将其拖曳到"最终"合成中，并置于最上层，然后更改地球位置为"404.0,328.0"，让其位于电波效果的上方，如图8-34所示。

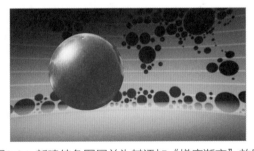

图8-34 新建纯色图层并为其添加"梯度渐变"效果

（2）将"外圈"合成拖曳到"最终"合成中，设置位置为"404.0,324.0"。为该图层添加"CC Sphere"效果，设置Radius为"206.0"，Render为"Outside"，Light Intensity为"235.0"，Light Color为"FFD000"，Light Direction为"0x+36.0°"，Ambient为"1.0"，Diffuse为"1.0"。

（3）按住【Alt】键不放单击Rotation Y属性左侧的"秒表"按钮，在右侧的表达式栏中输入"time*30"，如图8-35所示。

（4）复制"外圈"图层，将Radius更改为"212.0"，设置Light Intensity为"522.0"，Light Color为"DFB80B"，Light Height为"34.0"，Light Direction为"0x−59.0°"，Ambient为"108.0"，Diffuse为"96.0"，Reflection Map为"2.外圈"，如图8-36所示。

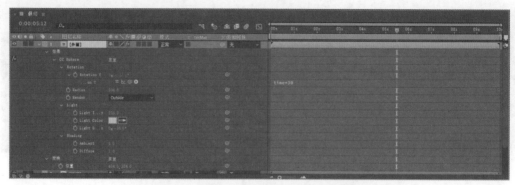

图8-35 设置"CC Sphere"效果的属性

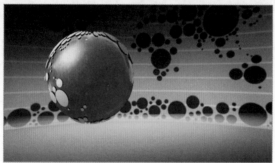

图8-36 设置复制图层中的"CC Sphere"效果的属性

（5）现在的地球元素看起来还比较生硬，需要做柔化处理。复制"地球"合成，将其拖曳到最上层。将该合成的缩放设置为"105.0,105.0%"。设置不透明度动画，在第0帧处设置不透明度为"38%"，在第3秒01帧处设置不透明度为"100%"。

（6）为该合成添加"发光"效果，设置发光阈值为"100.0%"，发光半径为"8.0"，发光强度为"1.8"，颜色循环为"锯齿A＞B"，颜色A为"BEDCFF"，颜色B为"6B63CC"。

（7）为该图层添加"快速方框模糊"效果，设置模糊半径为"7.0"，迭代为"4"。

（8）为该图层添加"CC Light Sweep"效果，设置Center为"430.0,320.0"，Width为"595.0"，Sweep Intensity为"0.0"，Edge Intensity为"494.0"，Edge Thickness为"10.00"，Light Color为"FFFFFF"，Light Reception为"Cutout"。

（9）单击"CC Light Sweep"效果Direction属性左侧的"秒表"按钮，在第0帧处添加关键帧，设置参数为"353.0°"，将时间指示器定位到第3秒01帧处，再次添加关键帧，设置参数为"241.0°"，并将该"地球"合成的模式设置为"屏幕"，如图8-37所示。

图8-37 复制图层并进行设置

（10）将"时间"合成拖曳到"最终"合成中，使用矩形工具 ▇ 在"合成"面板中沿着"7:20"文本绘制蒙版，设置蒙版模式为"相加"。然后设置蒙版路径动画，在第3秒09帧处将路径调整到左边，在第4秒09帧处框选整个文本，如图8-38所示。

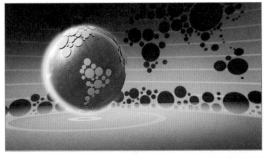 

图8-38 设置时间出现动画

（11）将"新闻40分"合成拖曳到"最终"合成中，设置不透明度动画，在第4秒09帧处添加关键帧，设置不透明度为"0%"，在第5秒03帧处添加关键帧，设置不透明度为"100%"，如图8-39所示。

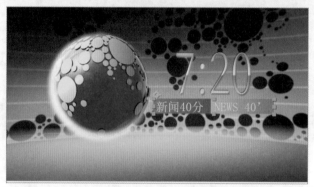

图8-39 设置词条出现的效果

慕课视频

添加调整图层
并导出视频

8.3.2 添加调整图层并导出视频

到现在为止，所有的元素都已经添加完成，下面添加一些光效，为栏目增添更多效果，具体操作如下。

（1）新建"黑色 纯色1"纯色图层，将其拖曳到"调整图层1"的上方，设置其颜色为"000000"，为该图层添加"Optical Flares"效果。设置Center Position为"1108.0,396.0"，Brightness为"50.0"，Color为"F57878"，Render Mode为"On Transparent"。

（2）设置光效动画，单击Position XY属性左侧的"秒表"按钮📷，在第2秒15帧处添加关键帧，设置参数为"520.0,372.0"，在第3秒15帧处添加关键帧，设置参数为"372.0,424.0"，在第8秒02帧处添加关键帧，设置参数为"388.0,296.0"。

（3）单击Scale属性左侧的"秒表"按钮📷，在第2秒15帧处添加关键帧，设置参数为"110.0"，如图8-40所示。在第3秒15帧处添加关键帧，设置参数为"180.0"。

图8-40 添加调整图层

（4）新建"黑色 纯色 2"纯色图层，将其拖曳到"新闻40分"图层的下方，设置其颜色为"000000"，位置为"636.0,366.0"。

（5）为该图层添加"Optical Flares"效果，设置Center Position为"640.0,360.0"，Brightness为"180.0"，Color为"89BAFF"，Render Mode为"On Transparent"。

（6）单击Position XY属性左侧的"秒表"按钮🕐，在第0帧处添加关键帧，设置参数为"330.0,128.0"，在第20帧处设置参数为"260.0,160.0"，在第1秒09帧处设置参数为"218.0,234.0"，在第1秒24帧处设置参数为"204.0,314.0"，在第2秒05帧处设置参数为"228.0，350.0"。

（7）设置不透明度的动画，在第0帧处设置参数为"49%"，在第1秒24帧处设置参数为"100%"，如图8-41所示。

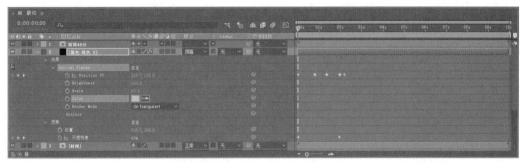

图8-41 设置第二个调整图层

（8）新建"黑色 纯色 3"纯色图层，设置其颜色为"000000"，位置为"380.0,368.0"。为该图层添加"快速方框模糊"效果，并将模糊半径设置为"8.0"。

（9）添加"Optical Flares"效果，设置Color为"F98504"，Render Mode为"On Transparent"。设置Position XY属性的动画，在第4秒08帧处设置参数为"892.0,376.0"，在第4秒23帧处设置参数为"1004.0,372.0"，在第5秒11帧处设置参数为"1130.0,362.0"，在第6秒02帧处设置参数为"1360.0,370.0"。

（10）设置不透明度的动画，在第4秒08帧处设置参数为"0%"，在第5秒02帧处设置参数为"78%"，在第5秒14帧处设置参数为"63%"，在第6秒05帧处设置参数为"0%"，如图8-42所示。

图8-42 设置第三个调整图层

（11）将"背景墙"预合成中的背景图片的不透明度降低。将音频素材文件"背景音

乐.mp3"（配套资源：素材\第8章\背景音乐.mp3）拖曳到"时间轴"面板中。选择【文件】→
【导出】→【添加到渲染队列】命令，打开"渲染队列"面板，单击██████渲染██按钮进行渲染输
出，再将文件保存为文件夹（配套资源：效果\第8章\"新闻40分文件夹"文件夹、新闻40
分.avi），如图8-43所示。

图8-43　添加音乐并渲染输出

 ## 项目实训——制作娱乐节目包装

⊛ 项目要求

本项目将利用AE的粒子和合成功能，制作出主界面中不断冒气泡的效果，要求控制画面中
的主体元素和运动元素，让整个画面主次分明并且具有舒适的节奏感。

⊛ 项目目的

本项目的交互效果如图8-44所示（配套资源：效果\第8章\"娱乐节目文件夹"文件夹、娱
乐节目.avi），通过本项目，读者将进一步熟悉节目包装的制作。

⊛ 项目分析

娱乐类节目是观众关注较多的节目类型，这类节目肩负着传播正向价值观的责任，同时，
这类节目还要跟上时代潮流和观众审美。因此，这类节目的包装非常重要，要在凸显节目特性
的同时，迅速抓住观众的眼球。由于这类节目的包装比较年轻化，因此，其动效要充满活力，
色彩要简洁明快，音乐要轻快或者充满朝气。

本项目主要涉及粒子的使用方法，以及将元素应用为粒子等操作。在制作过程中可以借鉴
其他成熟的节目包装的动效，并与自己的想法做对比，在这个过程中，慢慢完善娱乐节目包装

效果，直至做出满意的效果。

动效预览

娱乐节目片头

图8-44 娱乐节目片头

◉ **项目思路**

（1）策划包装方案。与甲方沟通需求，策划包装方案，找到节目的风格定位。

（2）绘制包装分镜和元素。确定包装方案后，绘制分镜和元素，以及相关的思维导图。

（3）制作包装内容。根据分镜内容正式制作包装内容，并根据包装内容添加背景音乐和音效等元素。

（4）添加音乐并渲染输出。完成包装视觉内容的合成后，添加相关音乐，并根据音乐调整细节部分，最后渲染输出。

慕课视频

制作娱乐节目包装

◉ **项目实施**

本项目只有一个场景，该场景通过各种元素的堆砌组合，先出现具有识别性的圆形，然后出现栏目名称，并伴随其他小元素的运动，具体操作如下。

（1）新建"娱乐节目"合成，新建一个纯色图层作为背景图层，为其添加"四色渐变"效果，设置背景颜色。制作3个泡泡元素合成，在其中导入素材中的泡泡元素（配套资源：素材\第8章\paopaoforae.psd），并设置它们在不同的时间出现，如图8-45所示。新建两个纯色图层，为图层添加粒子特效，设置粒子的纹理图层为泡泡图层，然后设置这两个粒子图层的动画效果。

图8-45 制作动画元素

（2）新建黄色的纯色图层，为图层绘制蒙版，并为其设置不透明度动画和蒙版路径动画。将"主元素.psd"素材文件（配套资源：素材\第8章\主元素.psd）拖曳到合成中，设置主元素的缩放和不透明度的动画。新建"点缀"预合成，在其中导入点缀元素（配套资源：素材\第8章\hnwsforAE.psd），并在预合成中设置点缀元素出现的动画。

（3）新建纯色图层并命名为"光效"，为其添加3个"Optical Flares"效果，并为其设置光效动画，让画面更丰富。继续新建纯色图层，在设定的圆圈内制作粒子动画，粒子源同样为泡泡图层。将泡泡图层设置为不可见。

（4）新建白色纯色图层，使用椭圆工具 绘制蒙版，通过设置不透明度制作出光圈效果，并设置相应的蒙版动画，产生光圈运动的效果。使用同样的方法，再另外新建3个白色的纯色图层，制作不同大小、颜色和运动规律的光圈效果。

（5）使用文本工具 在"合成"面板中输入文字标题，通过设置不透明度和缩放制作文字标题出现的动画。导入音效文件（配套资源：素材\第8章\欢乐.mp3），添加音效，配合音效调整整个动效的效果，调整完成后导出视频，并将文件保存为文件夹（配套资源：效果\第8章\"娱乐节目文件夹"文件夹、娱乐节目.avi），如图8-46所示。

图8-46 合成娱乐节目包装

思考与练习

1. 简述有哪些栏目类型。

2. 栏目包装与广告宣传有何不同之处？

3. 制作"新闻片头"栏目包装，效果如图8-47所示（配套资源：素材\第8章\Lens1.mov、Lens2.mov、glass_top.png、world_map.ai、新闻背景音.mp3）。

动效预览

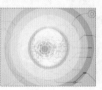

图8-47 新闻片头

新闻片头

提示：通过设置位置、缩放、不透明度、蒙版路径等来制作栏目包装的动画效果；通过AE自带的功能制作文本动效；通过调整图层来调整画面整体明暗效果（配套资源：效果\第8章\"新闻片头文件夹"文件夹、新闻片头.avi）。